N° D'ORDRE
284.

THÈSES

PRÉSENTÉES

A LA FACULTÉ DES SCIENCES DE PARIS

POUR

LE DOCTORAT ÈS SCIENCES MATHÉMATIQUES,

PAR M. NICOLAS NICOLAÏDÈS,

SOUS-LIEUTENANT DU GÉNIE DE L'ARMÉE HELLÉNIQUE, ÉLÈVE EXTERNE DE L'ÉCOLE IMPÉRIALE DES PONTS ET CHAUSSÉES.

1re THÈSE. — MÉMOIRE SUR LA THÉORIE GÉNÉRALE DES SURFACES.

2e THÈSE. — THÉORIE DE LA DÉFORMATION DES SURFACES RÉGLÉES DÉDUITE DU MOUVEMENT D'UN SYSTÈME INVARIABLE.

Soutenues le Décembre 1864, devant la Commission d'Examen.

MM. CHASLES, *Président.*

PUISEUX, } *Examinateurs.*
SERRET, }

PARIS,

GAUTHIER-VILLARS, IMPRIMEUR-LIBRAIRE

DE L'ÉCOLE IMPÉRIALE POLYTECHNIQUE, DU BUREAU DES LONGITUDES,

SUCCESSEUR DE MALLET-BACHELIER,

Quai des Augustins, 55.

1864

N° D'ORDRE
264.

THÈSES

PRÉSENTÉES

A LA FACULTÉ DES SCIENCES DE PARIS

POUR

LE DOCTORAT ÈS SCIENCES MATHÉMATIQUES,

Par M. Nicolas NICOLAÏDÈS,

SOUS-LIEUTENANT DU GÉNIE DE L'ARMÉE HELLÉNIQUE, ÉLÈVE EXTERNE DE L'ÉCOLE IMPÉRIALE DES PONTS ET CHAUSSÉES.

1re THÈSE. — Mémoire sur la théorie générale des surfaces.

2e THÈSE. — Théorie de la déformation des surfaces réglées déduite du mouvement d'un système invariable.

Soutenues le Décembre 1864, devant la Commission d'Examen.

MM. CHASLES, *Président.*
PUISEUX, SERRET, *Examinateurs.*

PARIS,

GAUTHIER-VILLARS, IMPRIMEUR-LIBRAIRE

DE L'ÉCOLE IMPÉRIALE POLYTECHNIQUE, DU BUREAU DES LONGITUDES,

SUCCESSEUR DE MALLET-BACHELIER,

Quai des Augustins, 55.

1864

ACADÉMIE DE PARIS.

FACULTÉ DES SCIENCES DE PARIS.

PARIS. — IMPRIMERIE DE GAUTHIER-VILLARS, SUCCESSEUR DE MALLET-BACHELIER,
Rue de Seine-Saint-Germain, 10, près l'Institut.

2

A

MON EXCELLENT AMI

LUCIEN WOYCIECHOWSKI,

ÉLÈVE EXTERNE A L'ÉCOLE IMPÉRIALE DES PONTS ET CHAUSSÉES.

PREMIÈRE THÈSE.

MÉMOIRE SUR LA THÉORIE GÉNÉRALE DES SURFACES.

I.

Dans un Mémoire inséré dans le *Journal de Mathématiques pures et appliquées*, 1re série, t. IX, M. Bertrand a démontré que si deux courbes tracées sur une surface se coupent normalement, leurs secondes courbures géodésiques, aux points de leurs intersections, sont égales et de signes contraires. Le théorème de Monge, relatif aux lignes de courbure, en est, on le sait, une conséquence immédiate. Si, dans le théorème de M. Bertrand, on ajoute l'équation d'Euler, on a à peu près tout ce qu'il y a de plus remarquable et de plus général dans la théorie des surfaces.

Le premier est lié à la surface elle-même d'une manière plus intime, parce qu'il suppose son existence; il doit être placé en première ligne.

Quelque temps après la publication du travail de M. Bertrand, M. Ossian Bonnet a publié un Mémoire, devenu depuis classique; on y trouve, en effet, méthodiquement réuni tout ce qu'on connaissait jusqu'alors sur cette matière; les différents théorèmes sont démontrés avec une remarquable simplicité.

La thèse que j'ose présenter ici se rapporte aux deux Mémoires que je viens de citer.

Les résultats nouveaux sont peu nombreux, et, à vrai dire, je n'ai à mentionner que la méthode simple et directe, quelques applications intéressantes des théorèmes de M. Bertrand et d'Euler, et enfin une relation importante entre les courbures principales et leurs variations; cette relation, assez compliquée d'ailleurs, se rapporte à tout déplacement infiniment petit effectué sur la surface ; elle est donc générale ; en l'appliquant aux lignes de courbure, on trouve la première série des formules bien connues de M. Lamé.

L'angle de deux génératrices, voisines de la développable circonscrite à une surface suivant une courbe quelconque, doit, ce me semble, jouer un rôle fort important dans la théorie des surfaces. La valeur de la courbure géodésique, dont la considération est due à M. Liouville, est donnée d'une manière simple, en fonction de l'angle dont je viens de parler, et de l'angle que fait l'arc considéré avec la direction conjuguée. En égalant cette expression à zéro, on a pour les lignes géodésiques une équation dont l'interprétation géométrique n'est pas sans intérêt.

II.

Considérons une surface quelconque (Σ), et traçons une ligne $mm_1m_2\ldots$; menons par les points m, $m_1,\ldots$ les normales à la surface $m\text{O}$, $m_1\text{O}_1,\ldots$ (*fig.* 1) ; appelons $d\theta$ l'angle de deux normales consécutives et $\beta d\theta$ leur

Fig. 1.

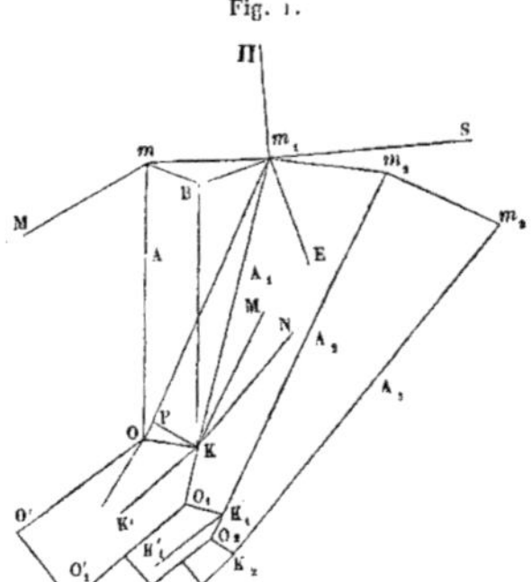

plus courte distance $\overline{\text{OK}}$: la droite KB est parallèle à $\text{O}m$, et le point B se trouve sur le plan tangent à la surface (Σ) au point m, en sorte que la ligne $m\text{B}$ est parallèle à OK ; désignons par I l'angle $\widehat{m_1 m\text{B}}$, et nous aurons

$$m_1\text{B} = \text{BK} \tang d\theta = m\text{B} \tang \text{I};$$

posant

$$m\text{O} = \text{BK} = \text{R},$$

et observant que l'angle $d\theta$ est infiniment petit, on aura

$$\operatorname{tang} I = \frac{R}{\beta}.$$

Cette formule est due à M. Chasles, et elle fait voir que les normales à une surface gauche, tout le long d'une même génératrice, forment un paraboloïde hyperbolique.

Le triangle Bmm_1 donne encore

$$\overline{mm_1}^2 = ds^2 = \overline{mB}^2 + \overline{m_1B}^2 = (\beta d\theta)^2 + (R\, d\theta)^2,$$

ou bien

$$\frac{ds^2}{d\theta^2} = \beta^2 + R^2.$$

Les deux formules que nous venons d'établir équivalent aux deux suivantes :

$$(1)\qquad R = \frac{ds}{d\theta}\sin I, \qquad \beta = \frac{ds}{d\theta}\cos I.$$

Désignons maintenant par $(\lambda\mu\nu)$, $(\lambda_0\mu_0\nu_0)$ les angles que font avec les axes les droites $\overline{mA}$, $\overline{OK}$, nous aurons

$$(2)\qquad \begin{cases} \cos\lambda\dfrac{dx}{ds} + \cos\mu\dfrac{dy}{ds} + \cos\nu\dfrac{dz}{ds} = 0, \\ \cos\lambda_0\dfrac{dx}{ds} + \cos\mu_0\dfrac{dy}{ds} + \cos\nu_0\dfrac{dz}{ds} = \cos I; \end{cases}$$

différentiant, il vient

$$(3)\qquad \begin{cases} \cos\lambda\dfrac{d\dfrac{dx}{ds}}{ds} + \cos\mu\dfrac{d\dfrac{dy}{ds}}{ds} + \cos\nu\dfrac{d\dfrac{dz}{ds}}{ds} \\ + \left(\dfrac{d\cos\lambda}{d\theta}\dfrac{dx}{ds} + \dfrac{d\cos\mu}{d\theta}\dfrac{dy}{ds} + \dfrac{d\cos\nu}{d\theta}\dfrac{dz}{ds}\right)\dfrac{d\theta}{ds} = 0; \end{cases}$$

$$-\sin I\frac{dI}{ds} = \cos\lambda_0\frac{d\dfrac{dx}{ds}}{ds} + \cos\mu_0\frac{d\dfrac{dy}{ds}}{ds} + \cos\nu_0\frac{d\dfrac{dz}{ds}}{ds}$$
$$+ \left(\frac{d\cos\lambda_0}{d\theta_1}\frac{dx}{ds} + \frac{d\cos\mu_0}{d\theta_1}\frac{dy}{ds} + \frac{d\cos\nu_0}{d\theta_1}\frac{dz}{ds}\right)\frac{d\theta_1}{ds}.$$

$d\theta_1$ est l'angle $(\widehat{OK, O_1K_1})$, c'est-à-dire l'angle de deux génératrices voisines de la surface réciproque (*) de celle qui est formée par les normales mA, $m_1A_1, \ldots$; pour abréger nous appellerons celle-ci (K) et sa réciproque (T).

Soit ρ le rayon de courbure au point m, on aura

$$\frac{1}{\rho} = \left[\left(\frac{d\frac{dx}{ds}}{ds}\right)^2 + \left(\frac{d\frac{dy}{ds}}{ds}\right)^2 + \left(\frac{d\frac{dz}{ds}}{ds}\right)^2\right]^{\frac{1}{2}};$$

on sait que ce rayon fait avec les axes des angles dont les cosinus sont

$$\rho\frac{d\frac{dx}{ds}}{ds},\quad \rho\frac{d\frac{dy}{ds}}{ds},\quad \rho\frac{d\frac{dz}{ds}}{ds};$$

quant aux quantités $\frac{d\cos\lambda}{d\theta}, \ldots, \frac{d\cos\lambda_0}{d\theta_1}, \ldots$, elles représentent, comme on sait, les cosinus que font avec les axes les droites OO', $O_1O'_1, \ldots$, KK', $K_1K'_1, \ldots$, ou les normales centrales de la surface (K) et de sa réciproque. On aura, par conséquent, en désignant par φ l'angle que fait le rayon de courbure au point m, avec la normale mA,

$$(4)\quad \left\{\begin{aligned}
&\cos\lambda\frac{d\frac{dx}{ds}}{ds} + \cos\mu\frac{d\frac{dy}{ds}}{ds} + \cos\nu\frac{d\frac{dz}{ds}}{ds} = \frac{1}{\rho}\cos\varphi,\\
&\frac{d\cos\lambda}{d\theta}\frac{dx}{ds} + \frac{d\cos\mu}{d\theta}\frac{dy}{ds} + \frac{d\cos\nu}{d\theta}\frac{dz}{ds} = \sin I,\\
&\cos\lambda_0\frac{d\frac{dx}{ds}}{ds} + \cos\mu_0\frac{d\frac{dy}{ds}}{ds} + \cos\nu_0\frac{d\frac{dz}{ds}}{ds} = \frac{1}{\rho}\sin\varphi\sin I,\\
&\frac{d\cos\lambda_0}{d\theta_1}\frac{dx}{ds} + \frac{d\cos\mu_0}{d\theta_1}\frac{dy}{ds} + \frac{d\cos\nu_0}{d\theta_1}\frac{dz}{ds} = \sin I.
\end{aligned}\right.$$

La troisième de ces relations s'obtient en ayant égard au trièdre dont les arêtes sont le rayon de courbure au point m, et les deux droites mA, OK. Quant aux trois autres, elles ne présentent pas la moindre difficulté.

Remplaçant les valeurs (4) dans les équations (3), j'obtiens

$$(5)\quad \left\{\begin{aligned}
&\frac{1}{\rho}\cos\varphi = -\frac{d\theta}{ds}\sin I,\\
&\frac{1}{\rho}\sin\varphi = -\frac{d\theta_1 + dI}{ds}.
\end{aligned}\right.$$

(*) D'après M. Bour, nous appelons *surface réciproque de* (K) la surface formée par toutes les plus courtes distances des génératrices consécutives de (K).

La première de ces formules représente la courbure de la section normale qui contient l'arc ds, la seconde donne la valeur de la courbure géodésique.

On a aussi

$$(6)\quad \begin{cases} \dfrac{1}{\rho^2} = \left(\dfrac{d\theta \sin \mathrm{I}}{ds}\right)^2 + \left(\dfrac{d\theta_1 + d\mathrm{I}}{d\mathrm{I}}\right)^2, \\ \tang \varphi = \dfrac{d\theta_1 + d\mathrm{I}}{d\theta \sin \mathrm{I}}, \end{cases}$$

Seconde courbure géodésique. — Par le point O je fais passer un plan perpendiculaire à Om; il coupera le plan $m_1 m$A suivant une droite PO, telle que

$$\widehat{\mathrm{KOP}} = \mathrm{I}.$$

Par le point K, j'abaisse sur le plan Omm_1 une perpendiculaire KP; l'angle $\widehat{\mathrm{P}m_1\mathrm{K}} = df$, divisé par l'élément ds, constitue ce que M. Ossian Bonnet a nommé la seconde courbure géodésique.

Les triangles KOP, KPm_1 donnent

$$\mathrm{KP} = \mathrm{OK} \sin \mathrm{I} = \mathrm{K}m_1 df.$$

Or Km_1 est égal à R, car on a, dans le triangle KBm_1,

$$\mathrm{K}m_1 = \frac{\mathrm{KB}}{\sqrt{1 - d\theta^2}} = \mathrm{R};$$

donc, en remplaçant, dans la formule qui précède, OK par sa valeur $\beta d\theta$, on aura

$$\mathrm{R}\, df = \beta \sin \mathrm{I}\, d\theta,$$

et ayant égard aux formules (1),

$$(7)\quad \frac{df}{ds} = \sin \mathrm{I} \frac{\beta}{\mathrm{R}} \frac{d\theta}{ds} = \cos \mathrm{I} \frac{d\theta}{ds} = \frac{1}{2} \frac{\sin 2\mathrm{I}}{\mathrm{R}}.$$

Nous mettrons plus tard la valeur de la seconde courbure géodésique sous la forme donnée pour la première fois par M. Bertrand.

Torsion géodésique. — Nous appellerons ainsi l'angle de deux plans normaux à la surface (Σ), contenant les éléments consécutifs mm_1, mm_2, divisé par l'arc ds. Pour déterminer cette torsion, j'observe que l'angle de torsion géodésique $T\,ds$ est égal à celui de deux droites PK et Πm_1, cette dernière étant menée perpendiculairement au plan Kmm_1; or nous connaissons déjà $\widehat{PKm}$, car c'est le complément de l'angle df que nous venons de déterminer; et l'on a

$$\cos\left(\widehat{PKm_1}\right) = \cos I\, d\theta.$$

Il suffit donc de connaître l'angle $\left(\widehat{\overline{PK}, \overline{mm_1}}\right)$, puisque les trois droites Πm_1, $m_1 m_2$, $m_1 K$ sont rectangulaires, et la somme des carrés des trois cosinus que PK fait avec ces trois droites est égale à l'unité. Menons donc par un point de l'espace trois droites $m_1 U$, $m_1 m_2$, $m_1 K$ parallèles successivement à mm_1, $m_1 m_2$, PK, et formons ensuite le triangle sphérique KUm_2 (*fig.* 2),

Fig. 2.

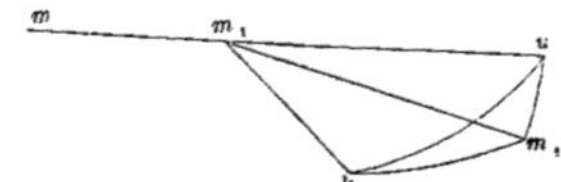

dans lequel on a, en désignant par $d\tau$ l'angle de contingence absolu de la courbe considérée,

$$\text{arc } KU = 90°,$$
$$\text{arc } Um_2 = d\tau,$$
$$\widehat{KUm} = 90 - \varphi.$$

Par conséquent,

$$\cos\left(\widehat{m_2 m_1 K}\right) = \cos\left(\widehat{\overline{PK}, \overline{m_1 m_2}}\right) = \sin\varphi\, d\tau;$$

il s'ensuit

$$\sin^2\varphi\, d\tau^2 + \cos^2 I\, d\theta^2 + 1 - T^2 ds^2 = 1,$$

ou bien

$$T^2 = \cos^2 I \frac{d\theta^2}{ds^2} + \sin^2\varphi \frac{1}{\rho^2}. \tag{8}$$

Si la ligne considérée était une ligne géodésique sur la surface (Σ), on aurait

$$\varphi = 0,$$

et la formule précédente prendrait la forme

$$T_g = \cos I \frac{d\theta}{ds},$$

c'est-à-dire que la torsion géodésique et la seconde courbure géodésique sont égales pour les lignes géodésiques. On peut dire encore que la quantité $\cos I \frac{d\theta}{ds}$ est la torsion absolue, puisque les plans osculateurs d'une ligne géodésique sont normaux à la surface.

Si la courbe $mm_1m_2\ldots$ était une ligne de courbure on aurait

$$\cos I = 0,$$

et, par conséquent,

$$T_c = \frac{1}{\rho} \sin \varphi.$$

Nous verrons plus tard que T_c est la courbure que M. Lamé appelle *conjuguée en arc de la courbure principale*.

La formule (8) permet de connaître l'intersection m_1E des deux plans normaux consécutifs. En effet, on peut mettre la formule (8) sous la forme

$$(T\,ds)^2 = \cos^2 I\, d\theta^2 + (d\theta_1 + dI)^2.$$

Les racines des trois termes qui figurent dans les deux membres de cette équation peuvent être considérées comme trois rotations, et $T\,ds$ sera la résultante de deux autres, $\cos I\,d\theta$, $(d\theta_1 + dI)$. Ces dernières s'effectuent autour des droites rectangulaires m_1K, m_1m_2, et la résultante autour de l'intersection commune de deux plans Amm_1, $A_1m_1m_2$; par conséquent, si l'on désigne par α l'angle que cette intersection fait avec A_1m_1, ou la normale à la surface au point considéré, on aura, d'après un théorème connu de la cinématique,

$$\tag{9} \operatorname{tang}\alpha = \frac{\cos I\,d\theta}{d\theta_1 + dI}.$$

On voit aisément que l'intersection dont nous parlons coïncide avec la normale à la surface, dans le cas d'une ligne de courbure, et avec la tangente à la courbe considérée, dans le cas d'une ligne géodésique.

En combinant la formule (9) avec la seconde des formules (6), on trouve sans difficulté

$$\tag{10} \operatorname{tang}\alpha . \operatorname{tang}\varphi . \operatorname{tang} I = 1.$$

I est l'angle que fait avec l'élément ds la tangente conjuguée, ou l'intersection de deux plans tangents consécutifs à la surface, suivant $mm_1m_2\ldots$.

Je tire aussi des équations (8), (9),

$$(11)\quad \begin{cases} T\cos\alpha = \sin\varphi\,\dfrac{1}{\rho}, \\ T\sin\alpha = \cos I\,\dfrac{d\theta}{ds}. \end{cases}$$

D'après ces formules, la torsion géodésique, de même que la première courbure absolue de la ligne $mm_1m_2\ldots$, se décompose en deux courbures : l'une, est la première courbure géodésique, l'autre, est la seconde.

Torsion absolue. — Par le point K j'abaisse deux droites, $\overline{KM}$, $\overline{KN}$ (*fig.* 1), perpendiculaires aux deux plans osculateurs consécutifs, c'est-à-dire aux plans (mm_1m_2), $(m_1m_2m_3)$; leur angle $d\omega$ sera l'angle cherché. Or ces droites sont toutes deux perpendiculaires à $\overline{m_1m_2}$; par conséquent elles se trouvent, avec Km_2, sur un plan perpendiculaire à m_1m_2, et l'on aura

$$d\omega = \widehat{m_1KM} - \widehat{m_1KN}.$$

m_1KN est déjà connu, car le rayon de courbure au point m fait avec la normale à la surface, en ce point, un angle φ; donc l'angle analogue pour le point m_1 sera $\varphi + d\varphi$, et nous aurons

$$KNm_1 = 90^\circ - \varphi - d\varphi.$$

Il suffit donc de connaître l'angle KMm_1. Pour cela, je fais passer par un point de l'espace trois droites, OA, OB, OC (*fig.* 3), parallèles successivement à mA, m_1A_1, KM, dans le triangle sphérique ABC. On aura

Fig. 3.

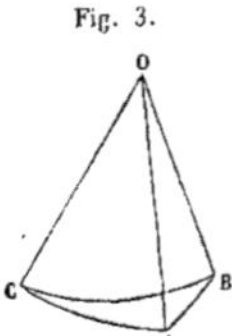

$$\text{arc AB} = d\theta,$$
$$\text{arc AC} = 90^\circ - \varphi,$$
$$\widehat{CAB} = 180^\circ - I;$$

par conséquent,

$$\cos \mathrm{CB} = \cos m_1 \mathrm{KM} = \sin\varphi - \cos\varphi \cos \mathrm{I} d\theta.$$

Mais en développant l'expression $\cos[(90^\circ - \varphi) + \cos \mathrm{I} d\theta]$, et négligeant les infiniment petits d'ordre supérieur au premier, on trouve

$$\cos[(90^\circ - \varphi) + \cos \mathrm{I} d\theta] = \sin\varphi - \cos\varphi \cos \mathrm{I} d\theta,$$

et l'expression de l'angle $d\omega$ deviendra

$$d\omega = d\varphi + \cos \mathrm{I} d\theta,$$

puisque l'on a

$$m_1 \mathrm{KM} = 90 - \varphi + \cos \mathrm{I} d\theta.$$

Désignant par $\frac{1}{r}$ la torsion absolue de la courbe $mm_1m_2\ldots$, nous aurons

$$\frac{1}{r} = \frac{d\varphi + \cos \mathrm{I} d\theta}{ds}. \tag{12}$$

Cette formule devient, pour les lignes de courbure,

$$\left(\frac{1}{r}\right)_c = \frac{d\varphi}{ds}, \tag{13}$$

et si la ligne de courbure considérée devait être plane, on aurait

$$\left(\frac{1}{r}\right)_c = 0; \tag{14}$$

par conséquent,

$$\varphi = \text{const.}, \tag{15}$$

ce qui prouve que le plan de la ligne de courbure doit couper la surface sous un angle constant. La réciproque est vraie.

J'ai trouvé (*) tout récemment un théorème de Lancret équivalant à l'équation (13).

Les plans tangents à la surface (Σ), suivant $mm_1m_2\ldots$, enveloppent, comme l'on sait, une surface développable (D), dont les génératrices sont évidemment dirigées suivant OK, $\mathrm{O}_1\mathrm{K}_1,\ldots$, et font entre elles un angle $d\theta_1$. C'est précisément l'angle de contingence de l'arrêt de rebroussement (D). Quant à son angle de torsion, il doit être égal à $d\theta$, puisque

(*) *Journal de M. Liouville*, t. XI, 1re série, p. 87.

deux plans tangents consécutifs sont perpendiculaires à deux génératrices consécutives de la surface gauche (K). L'angle I est égal à celui de la génératrice de la surface développable en question avec la courbe $mm_1m_2\ldots$. Élevons maintenant, aux points centraux $O, O_1, O_2, \ldots$ (*fig.* 1), les normales $OO', O_1O'_1, \ldots$ à la surface gauche (K). Il est évident que ces normales sont successivement parallèles aux plans tangents à la surface (Σ), et comme elles sont perpendiculaires à OK, $O_1K_1, \ldots$, il s'ensuit qu'elles sont dirigées suivant les rayons de courbure de l'arrêt de rebroussement de la surface développable (D). Nous allons déterminer l'angle de deux normales consécutives OO', $O_1O'_1$, par exemple. J'observe, pour cela, que le plan tangent à la surface (K), au point central O, peut coïncider avec le plan tangent au point O_1 au moyen de deux rotations, une autour de OK, égale à $d\theta$, et une autre autour de KO_1, égale à $d\theta_1$, et comme les droites OK, O_1K se coupent perpendiculairement, il s'ensuit que la rotation totale sera exprimée par

$$dv^2 = d\theta^2 + d\theta_1^2. \tag{16}$$

C'est précisément l'angle de deux rayons de courbure consécutifs de l'arrêt de rebroussement de la surface (D). La grandeur et la direction de la plus courte distance entre ces rayons de courbure se déterminent aussi assez facilement, car il est évident que la rotation totale dv s'effectuera autour d'une parallèle à cette distance; elle fera donc avec OK, ou bien avec la tangente à l'arrêt de rebroussement, un angle dont la tangente sera

$$\frac{d\theta_1}{d\theta}.$$

La grandeur de la plus courte distance se déterminera en y projetant l'arc ds_1 de l'arrêt. Il vient

$$\delta = \frac{ds_1 d\theta_1}{\sqrt{d\theta^2 + d\theta_1^2}}.$$

Le rapport

$$\frac{d\theta_1}{d\theta}$$

est susceptible d'une autre interprétation géométrique que je vais faire connaître.

Considérons pour cela les trois plans tangents à la surface (Σ) aux points M, m, m_1; leurs intersections détermineront un point μ de l'arrêt de rebroussement dont nous venons de parler. Proposons-nous de déterminer la distance $\mu m = R^o$. Le triangle $\mu m m_1$, dans lequel on a

$$m\mu m_1 = d\theta_1,$$
$$mm_1 = ds,$$
$$\widehat{m_1 m \mu} = I,$$

donne

$$\frac{R^o}{ds} = \frac{\sin I}{d\theta_1}, \tag{17}$$

et, ayant égard aux équations (1),

$$R^o = R\frac{d\theta}{d\theta_1}. \tag{18}$$

Cette formule fait voir que la droite μO (*fig.* 4) fait avec $m\mu$ un angle pré-

Fig. 4.

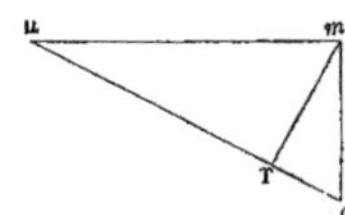

cisément égal à O, celui de la plus courte distance de deux rayons de courbure voisins de l'arrêt $\mu\mu_1, \ldots$, avec $\mu\mu_1$.

Supposons maintenant que la courbe $mm_1m\ldots$ est une ligne de courbure, on aura

$$\cos I = 0, \quad \sin I = 1, \quad dI = 0,$$

et les formules (17), (5) donnent

$$\frac{1}{R^o} = \frac{d\theta_1}{ds} = -\sin\varphi\,\frac{1}{\rho}. \tag{19}$$

On voit donc que la courbure géodésique est égale à la conjuguée en arc de la courbure principale $\frac{1}{R}$.

On déduira des formules précédentes

$$\frac{1}{\rho^2} = \frac{1}{R^2} + \frac{1}{R^{o2}}; \tag{20}$$

il s'ensuit que la droite mT (*fig.* 4) représente le rayon de courbure ρ en grandeur et en direction (Lamé).

Quand la ligne $mm_1 \ldots$ est une asymptotique sur la surface (Σ), la formule (17) devient illusoire, car on a, dans ce cas,

$$\sin I = 0.$$

Pour trouver alors la valeur de

$$\frac{d\theta}{d\theta_1},$$

il faut recourir à la formule (9); elle donne en effet

$$\operatorname{tang}\alpha = \frac{d\theta}{d\theta_1}.$$

Comme la formule (17) joue un rôle important dans la théorie des lignes tracées sur une surface, j'en donnerai une seconde démonstration.

X, Y, Z étant les coordonnées courantes, l'équation du plan tangent au point $(x\,y\,z)$ sera

$$(\alpha) \qquad (X - x)\cos\lambda + (Y - y)\cos\mu + (Z - z)\cos\nu = 0.$$

Différentions deux fois consécutivement, en considérant X, Y, Z comme constantes; il vient

$$(\beta) \qquad \left\{ \begin{aligned} &(X - x)\,d\cos\lambda + (Y - y)\,d\cos\mu + (Z - z)\,d\cos\nu = 0, \\ &(X - x)\,d^2\cos\lambda + (Y - y)\,d^2\cos\mu + (Z - z)\,d^2\cos\nu = ds\,d\theta \sin I. \end{aligned} \right.$$

J'ai remplacé

$$\cos\lambda\,dx + \cos\mu\,dy + \cos\nu\,dz = 0,$$
$$d\cos\lambda\,dx + d\cos\mu\,dy + d\cos\nu\,dz = ds\,d\theta \sin I.$$

Les trois équations (α), (β) donneront les coordonnées du point μ, on aura ensuite

$$R^{0\,2} = (X - x)^2 + (Y - y)^2 + (Z - z)^2.$$

Je dis maintenant que

$$\Pi = \text{dét.} \begin{vmatrix} X - x & Y - y & Z - z \\ \cos\lambda & \cos\mu & \cos\nu \\ d^2\cos\lambda & d^2\cos\mu & d^2\cos\nu \end{vmatrix} = 0.$$

En effet, on a, en ayant égard aux notations précédentes,

$$\cos\lambda_0 = \cos\mu \frac{d\cos\nu}{d\theta} - \cos\nu \frac{d\cos\mu}{d\theta},$$

$$\cos\mu_0 = \cos\nu \frac{d\cos\lambda}{d\theta} - \cos\lambda \frac{d\cos\nu}{d\theta},$$

$$\cos\nu_0 = \cos\lambda \frac{d\cos\mu}{d\theta} - \cos\mu \frac{d\cos\lambda}{d\theta},$$

et en différentiant,

$$d\theta\, d\cos\lambda_0 = \cos\mu\, d^2\cos\nu - \cos\nu\, d^2\cos\mu,$$
$$d\theta\, d\cos\mu_0 = \cos\nu\, d^2\cos\lambda - \cos\lambda\, d^2\cos\nu,$$
$$d\theta\, d\cos\nu_0 = \cos\lambda\, d^2\cos\mu - \cos\mu\, d^2\cos\lambda.$$

Les seconds membres de ces trois dernières équations sont précisément les coefficients des éléments $(X - x)$, $(Y - y)$, $(Z - z)$, dans le développement du déterminant π ; on aura, par conséquent,

$$\Pi = d\theta\, d\theta_1 \left[(X - x) \frac{d\cos\lambda_0}{d\theta_1} + (Y - y) \frac{d\cos\mu_0}{d\theta_1} + (Z - z) \frac{d\cos\nu_0}{d\theta_1} \right].$$

La quantité qui figure entre les crochets est nulle, car $\frac{X - x}{R_0}, \ldots$, sont les cosinus des angles que fait $m\mu$ avec les axes, et $\frac{d\cos\lambda_0}{d\theta_1}, \ldots$, sont les quantités analogues pour la normale centrale. Donc

$$\Pi = 0.$$

Élevons maintenant le déterminant Π au carré et développons : il vient

$$\Pi^2 = \text{dét.} \begin{vmatrix} R^{02} & 0 & ds\, d\theta \sin I \\ 0 & 1 & -d\theta^2 \\ ds\, d\theta \sin I & -d\theta^2 & d\theta^4 + d\theta^2 d\theta_1^2 \end{vmatrix}$$
$$= R^{02}(d\theta^4 + d\theta_1^2 d\theta^2) - R^{02} d\theta^4 - d\theta^2 ds^2 \sin^2 I = 0.$$

Je me suis servi des équations bien connues

$$\cos\lambda\, d^2\cos\lambda + \cos\mu\, d^2\cos\mu + \cos\nu\, d^2\cos\nu = -d\theta^2,$$
$$(d^2\cos\lambda)^2 + (d^2\cos\mu)^2 + (d^2\cos\nu)^2 = d\theta^4 + d\theta^2 d\theta_1^2.$$

L'équation précédente donne définitivement

$$R^{\circ} = \frac{ds}{d\theta_1} \sin I.$$

C'est, comme on voit, l'équation (17).

Cherchons encore la plus courte distance (ε) de deux génératrices voisines de la surface (π) formée par toutes les normales centrales OO', $O_1 O'_1$,.... Il suffit pour cela de projeter sur cette distance les deux lignes (*fig.* 1) rectangulaires OK, $O_1 K_1$; nous avons déjà désigné OK par $\beta d\theta$, nous désignerons aussi KO_1 par $\alpha d\theta_1$; les deux droites OK, $O_1 K$ font avec la distance cherchée des angles dont les tangentes sont

$$\frac{d\theta_1}{d\theta}, \quad \frac{d\theta}{d\theta_1};$$

donc

$$\varepsilon = \frac{\beta d\theta^2 - \alpha d\theta_1^2}{\sqrt{d\theta^2 + d\theta_1^2}}; \tag{21}$$

pour que ε soit nul, il faut que l'on ait

$$\beta d\theta^2 - \alpha d\theta_1^2 = 0. \tag{22}$$

C'est la condition nécessaire et *suffisante* pour que la ligne de striction d'une surface gauche soit une ligne de courbure.

On déduira aussi de la formule précédente le théorème suivant : les rayons de courbure d'une courbe à double courbure ne peuvent jamais se rencontrer. Les inflexions simples sont évidemment exceptées.

La considération de la surface (π) ne me paraît pas sans intérêt, et je vais donner encore un de ses éléments en fonction de α, β, $d\theta$, $d\theta_1$,...., (*fig.* 1). La ligne de striction O, O_1, O_2,..., fait avec la génératrice $m_1 O_1$ un angle μ, tel que

$$\operatorname{tang} \mu = \frac{\beta d\theta}{\alpha d\theta_1}.$$

Il s'ensuit que la plus courte distance $O'_1 O'$, entre les normales centrales OO', $O_1 O'_1$, fait avec la ligne de striction un angle μ_1, tel que

$$\mu_1 = 180^{\circ} - \operatorname{arc\,tang} \frac{\beta d\theta}{\alpha d\theta_1} - \operatorname{arc\,tang} \frac{d\theta}{d\theta_1},$$

d'où

$$\operatorname{tang} \mu_1 = \frac{(\beta + \alpha) d\theta\, d\theta_1}{\beta d\theta^2 - \alpha d\theta_1^2}. \tag{23}$$

En désignant maintenant par $\mathfrak{R}$ la distance du point O au point central O' de la surface (π), la formule de M. Chasles que nous avons démontrée au commencement, jointe à la formule (23), donnera

$$\mathfrak{R} = \frac{(\alpha + \beta)\, d\theta\, d\theta_1}{d\theta^2 + d\theta_1^2}; \tag{24}$$

ayant $\mathfrak{R}$, on déterminera sans difficulté la distance de deux génératrices voisines de la surface réciproque de (π), car cette distance est $d\mathfrak{R}$, puisque la ligne de striction $OO_1O_2\ldots$ est une trajectoire orthogonale de (π).

La formule (24) fait voir que la ligne de striction de deux surfaces (K) et (T) sera en même temps ligne de striction de la surface (π), si l'on a

$$\alpha + \beta = 0. \tag{25}$$

On peut rendre explicite la propriété de ces surfaces. En effet, par les génératrices OK, O_1K, menons deux plans tangents aux surfaces (K), (T), et supposons que les deux points de contact soient à égales distances du point central K commun aux deux surfaces : on aura, d'après la formule de M. Chasles,

$$\operatorname{tang} I = \frac{R}{\beta}, \quad \operatorname{tang} I_1 = \frac{R}{\alpha},$$

d'où

$$\frac{\operatorname{tang} I}{\operatorname{tang} I_1} = \frac{\alpha}{\beta},$$

et ayant égard à la formule (25),

$$I + I_1 = 0,$$

ce qui prouve que les deux plans tangents doivent être également inclinés sur le plan tangent au point central.

D'après la classification des surfaces gauches, donnée par M. Bour, on peut exprimer cette propriété de la surface (K) en disant que la surface (K) et sa réciproque doivent être de la même espèce.

III.

En général, on donne une surface par une relation entre les coordonnées de ces points par rapport à trois axes rectangulaires. Soit

$$z = \mathrm{F}(x, y)$$

cette relation, et posons, suivant l'habitude,

$$\frac{dz}{dx} = p, \quad \frac{dz}{dy} = q, \quad \frac{dp}{dx} = r, \quad \frac{dp}{dy} = \frac{dq}{dx} = s, \quad \frac{dq}{dy} = t;$$

les cosinus que fait avec les axes la normale à la surface en un point quelconque sont

$$\cos\lambda = \frac{-p}{\sqrt{1 + p^2 + q^2}},$$

$$\cos\mu = \frac{-q}{\sqrt{1 + p^2 + q^2}},$$

$$\cos\nu = \frac{1}{\sqrt{1 + p^2 + q^2}}.$$

Je tire de là

$$\frac{\cos\nu}{\cos\mu} = -\frac{1}{q},$$

$$\frac{\cos\mu}{\cos\lambda} = \frac{q}{p},$$

$$\frac{\cos\lambda}{\cos\nu} = -p.$$

Différentiant, il vient

$$(\mathrm{A}) \quad \left\{ \begin{array}{l} \cos\mu\, d\cos\nu - \cos\nu\, d\cos\mu = \dfrac{\cos^2\mu}{q^2}\, dq = \dfrac{dq}{1 + p^2 + q^2}, \\ \cos\lambda\, d\cos\mu - \cos\mu\, d\cos\lambda = \dfrac{\cos^2\lambda}{p^2}(p\,dq - q\,dp) = \dfrac{p\,dq - q\,dp}{1 + p^2 - q^2}, \\ \cos\nu\, d\cos\lambda - \cos\lambda\, d\cos\mu = -\cos^2\nu\, dp = \dfrac{-dp}{1 + p^2 + q^2}; \end{array} \right.$$

élevant au carré ces trois relations, et ayant égard à l'équation

$$\cos\lambda\, d\cos\lambda + \cos\mu\, d\cos\mu + \cos\nu\, d\cos\nu = 0,$$

j'obtiens

$$(\alpha) \quad d\theta^2 = d\cos\lambda^2 + d\cos\mu^2 + d\cos\nu^2 = \frac{dp^2 + dq^2 + (p\,dq - q\,dp)^2}{(1 + p^2 + q^2)^2}.$$

Divisant maintenant chacune des relations (A) par la racine carrée de celle que je viens d'écrire, on trouve

$$\cos\mu\frac{d\cos\nu}{d\theta}-\cos\nu\frac{d\cos\mu}{d\theta}=\frac{dq}{\sqrt{dp^2+dq^2+(pdq-qdp)^2}},$$
$$\cos\lambda\frac{d\cos\mu}{d\theta}-\cos\mu\frac{d\cos\lambda}{d\theta}=\frac{pdq-qdp}{\sqrt{dp^2+dq^2+(pdq-qdp)^2}},$$
$$\cos\nu\frac{d\cos\lambda}{d\theta}-\cos\lambda\frac{d\cos\nu}{d\theta}=\frac{-dp}{\sqrt{dp^2+dq^2+(pdq-qdp)^2}}.$$

Or les quantités qui figurent dans les premiers membres de ces équations sont les cosinus des angles que fait avec les axes la plus courte distance entre deux normales voisines ; donc

$$(\text{B})\quad\left\{\begin{aligned}\cos\lambda_0&=\frac{dq}{\sqrt{dp^2+dq^2+(pdq-qdp)^2}},\\ \cos\mu_0&=\frac{-dp}{\sqrt{dp^2+dq^2+(pdq-qdp)^2}},\\ \cos\nu_0&=\frac{pdq-qdp}{\sqrt{dp^2+dq^2+(pdq-qdp)^2}}.\end{aligned}\right.$$

De ces équations je tire de nouveau

$$\frac{\cos\nu_0}{\cos\mu_0}=-\frac{pdq-qdp}{dp},$$
$$\frac{\cos\mu_0}{\cos\lambda_0}=-\frac{dp}{dq},$$
$$\frac{\cos\lambda_0}{\cos\nu_0}=\frac{dq}{pdq-qdp}.$$

Je différentie : il vient, après quelques réductions évidentes,

$$\cos\mu_0\,d\cos\nu_0-\cos\nu_0\,d\cos\mu_0=\frac{p(dqd^2p-dpd^2q)}{dp^2}\cos^2\mu_0,$$
$$\cos\lambda_0\,d\cos\mu_0-\cos\mu_0\,d\cos\lambda_0=-\frac{dqd^2p-dpd^2q}{dq^2}\cos^2\lambda_0,$$
$$\cos\nu_0\,d\cos\lambda_0-\cos\lambda_0\,d\cos\nu_0=\frac{q(dqd^2p-dpd^2q)}{(pdq-qdp)^2}\cos^2\nu_0;$$

élevant au carré après avoir remplacé $\cos^2\lambda_0\ldots.$ par leurs valeurs (B), on trouve (*)

$$(\beta)\quad d\theta_1 = \sqrt{d\cos\lambda_0^2 + d\cos\mu_0^2 + d\cos\nu_0^2} = \frac{(dqd^2p - dpd^2q)}{dp^2 + dq^2 + (pdq - qdp)^2}\sqrt{1 + p^2 + q^2}.$$

Au moyen des formules qui précèdent, on déterminera sans la moindre difficulté les valeurs des différentielles $d\cos\lambda$, $d\cos\mu$, $d\cos\nu$, $d\cos\lambda_0$, $d\cos\mu_0$, $d\cos\nu_0$; voici ces valeurs :

$$(\mathrm{C})\quad \left\{\begin{aligned} d\cos\lambda &= \frac{pqdq - (1+q^2)dp}{(1+p^2+q^2)^{\frac{3}{2}}},\\ d\cos\mu &= \frac{pqdp - (1+p^2)dq}{(1+p^2+q^2)^{\frac{3}{2}}},\\ d\cos\nu &= \frac{-pdp - qdq}{(1+p^2+q^2)^{\frac{3}{2}}};\end{aligned}\right.$$

$$(\mathrm{D})\quad \left\{\begin{aligned} d\cos\lambda_0 &= \frac{-[pqdq - (q^2+1)dp](dpd^2q - dqd^2p)}{[dp^2 + dq^2 + (pdq - qdp)^2]^{\frac{3}{2}}},\\ d\cos\mu_0 &= \frac{-[pqdp - (1+p^2)dq](dpd^2q - dqd^2p)}{[dp^2 + dq^2 + (pdq - qdp)^2]^{\frac{3}{2}}},\\ d\cos\nu_0 &= \frac{+(pdp + qdq)(dpd^2q - dqd^2p)}{[dp^2 + dq^2 + (pdq - qdp)^2]^{\frac{3}{2}}}.\end{aligned}\right.$$

On tire aisément de ces équations

$$(\mathrm{E})\quad \frac{d\cos\lambda_0}{d\cos\lambda} = \frac{d\cos\mu_0}{d\cos\mu} = \frac{d\cos\nu_0}{d\cos\nu} = \frac{d\theta_1}{d\theta}.$$

Ces relations ont été déjà données par M. Serret (**), et il est évident qu'on peut encore énoncer, dans le cas actuel, tous les théorèmes que cet éminent géomètre en a déduits.

Les équations (E) se transforment ainsi

$$\frac{d\cos\lambda_0}{d\theta_1} = \frac{d\cos\lambda}{d\theta},\quad \frac{d\cos\mu_0}{d\theta_1} = \frac{d\cos\mu}{d\theta},\quad \frac{d\cos\nu_0}{d\theta_1} = \frac{d\cos\nu}{d\theta};$$

elles font voir que la normale à la surface gauche (K) au point central

(*) La méthode dont je me suis servi pour déterminer $d\theta$, $d\theta_1$ pourra aussi servir à la détermination de l'angle de contingence et de torsion des lignes à double courbure.

(**) Notes ajoutées à la *Géométrie* de Monge.

coïncide avec la normale au même point de la réciproque (T). C'est là une proposition qu'on ne pouvait pas admettre *à priori*.

Remplaçons maintenant, dans les équations (2) et (4), $d\cos\lambda$, $d\cos\mu,\ldots$, par leurs valeurs (C), (D), il vient

$$(\mathrm{F})\left\{\begin{aligned}\sin \mathrm{I}\, ds &= \frac{[pqdq-(1+q^2)dp]\,dx+[pqdp-(1+p^2)dq]\,dy-(pdp+qdq)\,dz}{\{(1+p^2+q^2[(dp^2+dq^2(pdq-qdp)^2]\}^{\frac{1}{2}}},\\ \cos \mathrm{I}\, ds &= \frac{dqdx-dpdy+(pdq-qdp)\,dz}{[dp^2+dq^2+(pdq-qdp)^2]^{\frac{1}{2}}}.\end{aligned}\right.$$

Pour exprimer les différents éléments I, $d\theta$, $d\theta_1,\ldots$, en fonction des courbures principales et de leurs variations, supposons que l'origine et l'axe de z coïncident avec le point m et la normale à la surface en ce point, on aura, comme on sait,

$$p=0,\quad q=0.$$

Les équations (F) prennent ainsi la forme

$$\sin \mathrm{I}\frac{d\theta}{ds}=-r\frac{dx^2}{ds^2}-2s\frac{dy}{ds}\frac{dx}{ds}-t\frac{dy^2}{ds^2},$$

$$\cos \mathrm{I}\frac{d\theta}{ds}=s\left(\frac{dx^2}{ds^2}-\frac{dy^2}{ds^2}\right)-(r-t)\frac{dy}{ds}\frac{dx}{ds}.$$

Posant

$$\frac{dx}{ds}=\cos\alpha,$$

il vient

$$\sin \mathrm{I}\frac{d\theta}{ds}=-r\cos^2\alpha-2s\sin\alpha\cos\alpha-t\sin^2\alpha,$$

$$\cos \mathrm{I}\frac{d\theta}{ds}=s(\cos^2\alpha-\sin^2\alpha)-(r-t)\sin\alpha\cos\alpha.$$

Si, dans la seconde, on change α en $90^\circ+\alpha$, le second membre changera de signe seulement, et l'on a ainsi le théorème de M. Bertrand. Faisons la même substitution dans la première, il vient

$$\left(\sin \mathrm{I}\frac{d\theta}{ds}\right)_{90^\circ+\alpha}=-r\sin^2\alpha+2s\sin\alpha\cos\alpha-t\cos^2\alpha;$$

donc

$$\left(\sin \mathrm{I}\frac{d\theta}{ds}\right)_{\alpha}+\left(\sin \mathrm{I}\frac{d\theta}{ds}\right)_{90^\circ+\alpha}=-r-t,$$

et, en ayant égard à l'équation (5)

$$\left(\frac{1}{\rho}\cos\varphi\right)_\alpha + \left(\frac{1}{\rho}\cos\varphi\right)_{90^\circ+\alpha} = r + t,$$

ce qui prouve que la somme de deux courbures de sections normales et faisant entre elles un angle de 90 degrés est constante pour chaque point de la surface et égale à la somme de deux courbures principales. Ce théorème est du à Mlle Sophie Germain (*).

Prenons maintenant les plans des deux sections principales pour plans coordonnés: on aura, $\frac{1}{R_1}$, $\frac{1}{R_2}$ étant les deux courbures,

$$s = 0, \quad r = \frac{1}{R_1}, \quad t = \frac{1}{R_2},$$

et les équations précédentes deviennent

$$\text{(H)} \quad \begin{cases} \sin I \dfrac{d\theta}{ds} = -\dfrac{\cos^2\alpha}{R_1} - \dfrac{\sin^2\alpha}{R_2}, \\ \cos I \dfrac{d\theta}{ds} = -\left(\dfrac{1}{R_1} - \dfrac{1}{R_2}\right)\cos\alpha\sin\alpha. \end{cases}$$

En comparant la première avec l'équation (5), on verra que c'est la célèbre équation de Clairaut; la seconde équation (H) a été découverte par M. Bertrand ; on en déduit sans peine

$$\text{(K)} \quad \begin{cases} \dfrac{d\theta^2}{ds^2} = \dfrac{\cos^2\alpha}{R_1^2} + \dfrac{\sin^2\alpha}{R_2^2}, \\ \tang I = \dfrac{R_2\cos^2\alpha + R_1\sin^2\alpha}{(R_2 - R_1)\cos\alpha\sin\alpha}. \end{cases}$$

I devient nul pour

$$\text{(Z)} \quad \tang\alpha = \pm\frac{R_2}{R_1};$$

remplaçant cette valeur à la première équation (K), on trouve

$$\text{(L)} \quad \frac{d\theta^2}{ds^2} = \mp\frac{1}{R_1R_2}.$$

Cette formule est due à M. Ossian Bonnet.

Les équations (H), (5), donnent

$$\text{(M)} \quad \frac{1}{\rho}\cos\varphi = \frac{\cos^2\alpha}{R_1} + \frac{\sin^2\alpha}{R_2}.$$

(*) *Journal de Crelle*; 1831

Il s'ensuit que pour une même valeur de α le second membre reste constant, quel que soit φ, ou $\frac{1}{\rho}$; de là le théorème de Meusnier. Appelant $\frac{1}{\rho_1}$ la courbure de la section normale, on aura

$$\text{(N)} \qquad \frac{1}{\rho}\cos\varphi = \frac{1}{\rho_1};$$

la valeur de la torsion géodésique prend la forme

$$\text{(P)} \qquad T^2 = \left(\frac{1}{R_1} - \frac{1}{R_1}\right)^2 \cos^2\alpha \sin^2\alpha + \frac{1}{\rho^2}\sin^2\varphi;$$

pour les lignes géodésiques, on aura

$$\text{(R)} \qquad T = \left(\frac{1}{R_1} - \frac{1}{R_2}\right) \sin\alpha\cos\alpha.$$

Comme on voit, elle ne change que de signe pour les lignes géodésiques qui se coupent normalement; par conséquent, deux lignes géodésiques se coupant normalement ont leurs secondes courbures absolues égales et de signe contraire. La même formule (R) fait voir que tangI s'annule pour

$$\sin\alpha = 0, \quad \text{ou} \quad \cos\alpha = 0.$$

Donc les lignes géodésiques tangentes aux lignes des courbures présentent aux points de contact une *simple inflexion*.

Le maximum de la valeur générale de cos I $\frac{d\theta}{ds}$, correspond à

$$\alpha = 45°.$$

On s'en assurera aisément.

Je passe maintenant au calcul de $d\theta_1$.

On a d'abord

$$dp = rdx + sdy,$$
$$dq = sdx + tdy.$$

Pour trouver d^2p, d^2q, il faut différentier les équations ci-dessus; ds_1 étant l'arc, posons

$$\cos\alpha = \frac{dx}{ds_1}, \quad \cos\beta = \frac{dy}{ds_1},$$

il vient

$$dp = (r\cos\alpha + s\cos\beta)\,ds_1,$$
$$dq = (s\cos\alpha + t\cos\beta)\,ds_1,$$

d'où

$$\frac{dp}{dq}=\frac{r\cos\alpha+s\cos\beta}{s\cos\alpha+t\cos\beta},$$

et en différentiant,

$$\frac{dqd^2p-dpd^2q}{dq^2}(s\cos\alpha+t\cos\beta)^2=(s\cos\alpha+t\cos\beta)\,d\,(r\cos\alpha+s\cos\beta)$$
$$-(r\cos\alpha+s\cos\beta)\,d\,(s\cos\alpha+t\cos\beta).$$

Effectuant les différentiations indiquées, réduisant et ayant égard à l'équation

$$dq^2=(s\cos\alpha+t\cos\beta)^2ds_1^2,$$

on trouve

$$(\text{V})\left\{\begin{aligned}&\frac{dq}{ds_1}\frac{d^2p}{ds_1^2}-\frac{dp}{ds_1}\frac{d^2q}{ds_1^2}=\left(\cos\alpha\frac{d\cos\beta}{ds_1}-\cos\beta\frac{d\cos\alpha}{ds_1}\right)(s^2-rt)\\&+\cos^2\alpha\left(s\frac{dr}{ds_1}-r\frac{ds}{ds_1}\right)+\cos^2\beta\left(t\frac{ds}{ds_1}-s\frac{dt}{ds_1}\right)+\cos\alpha\cos\beta\left(t\frac{dr}{ds_1}-r\frac{dt}{ds_1}\right).\end{aligned}\right.$$

Supposons maintenant que l'axe de z, l'origine et les plans coordonnés (xz), (yz), coïncident successivement avec le point considéré, la normale et les plans de deux sections principales, nous aurons alors

$$p=q=s=0,\quad t=\frac{1}{R_2},\quad r=\frac{1}{R_1},$$

$$\frac{ds}{dx}=\frac{dr}{dy}=\frac{d\frac{1}{R_1}}{dy},\quad \frac{ds}{dy}=\frac{dt}{dx}=\frac{d\frac{1}{R_2}}{dx},$$

$$dr=\frac{dr}{dx}dx+\frac{dr}{dy}dy=\frac{d\frac{1}{R_1}}{dx}dx+\frac{d\frac{1}{R_1}}{dy}dy,$$

$$dt=\frac{dt}{dx}dx+\frac{dt}{dy}dy=\frac{d\frac{1}{R_2}}{dx}dx+\frac{d\frac{1}{R_2}}{dy}dy,$$

$$ds=\frac{ds}{dx}dx+\frac{ds}{dy}dy=\frac{d\frac{1}{R_1}}{dy}dx+\frac{d\frac{1}{R_2}}{dx}dy;$$

la formule (β) prend d'abord la forme

$$d\theta_1=\frac{dqd^2p-dpd^2q}{dp^2+dq^2},$$

et comme on a

$$d\theta^2 = dp^2 + dq^2,$$

il s'ensuit

$$d\theta_1 d\theta^2 = dq\, d^2p - dp\, d^2q.$$

La quantité

$$\frac{\cos\beta\, d\cos\alpha - \cos\alpha\, d\cos\beta}{\sqrt{d\cos\alpha^2 + d\cos\beta^2 + d\cos\gamma^2}},$$

représente, comme on sait, le cosinus de l'angle que fait l'axe de z avec une perpendiculaire à deux tangentes consécutives, c'est-à-dire l'axe du plan osculateur, on aura donc, d'après les suppositions précédentes,

$$\cos\beta \frac{d\cos\alpha}{ds_1} - \cos\alpha \frac{d\cos\beta}{ds_1} = \frac{1}{\rho}\sin\varphi = \text{courbure géodésique.}$$

En remplaçant les valeurs ci-dessus dans la formule (V), on trouve après quelques réductions bien simples

$$(\mathrm{Q})\left\{\begin{aligned} &\frac{d\theta_1}{ds}\left(\frac{\sin^2\alpha}{R_2^2} + \frac{\cos^2\alpha}{R_1^2}\right) - \frac{1}{R_1 R_2}\left(\frac{dI + d\theta_1}{ds}\right) \\ &= \cos^2\alpha\sin\alpha\left(\frac{1}{R_2}\frac{d\frac{1}{R_1}}{dx} - \frac{1}{R_1}\frac{d\frac{1}{R_2}}{dx}\right) + \sin^2\alpha\cos\alpha\left(\frac{1}{R_2}\frac{d\frac{1}{R_1}}{dy} - \frac{1}{R_1}\frac{d\frac{1}{R_2}}{dy}\right) \\ &+ \sin^2\alpha\left(\frac{1}{R_2}\frac{d\frac{1}{R_1}}{dy}\cos\alpha + \frac{1}{R_2}\frac{d\frac{1}{R_2}}{dx}\sin\alpha\right) - \cos^2\alpha\left(\frac{1}{R_1}\frac{d\frac{1}{R_1}}{dy}\cos\alpha + \frac{1}{R_1}\frac{d\frac{1}{R_2}}{dx}\sin\alpha\right). \end{aligned}\right.$$

ds représente l'arc considéré. Nous avons d'ailleurs remplacé $\cos\beta$ par $\sin\alpha$.

La valeur (Q) de $d\theta_1$ est générale, c'est-à-dire elle s'applique à un point quelconque de la surface considérée, et suivant une direction également arbitraire, pour les lignes de courbure on doit faire tour à tour

$$dI = 0, \quad \cos\alpha = 0, \quad \sin\alpha = 1,$$
$$dI = 0, \quad \cos\alpha = 1, \quad \sin\alpha = 0;$$

on obtient ainsi les deux équations suivantes

$$(\mathrm{T})\left\{\begin{aligned} \frac{d\frac{1}{R_2}}{dx} &= \frac{d\theta_1}{dy}\left(\frac{1}{R_2} - \frac{1}{R_1}\right), \\ \frac{d\frac{1}{R_1}}{dy} &= \frac{d\theta_1}{dx}\left(\frac{1}{R_1} - \frac{1}{R_2}\right), \end{aligned}\right.$$

c'est-à-dire :

La variation d'une courbure, suivant l'arc normal à son plan, est égale au produit de sa conjuguée en arc par son excès sur sa conjuguée en surface (Lamé).

Pour les surfaces développables, la formule (Q) prend une forme bien simple; on a en effet, dans ce cas,

$$\frac{1}{R_1} = 0,$$

donc

$$\frac{1}{R_2}\frac{d\theta_1}{ds} = \frac{d\frac{1}{R_2}}{dx}\sin\alpha;$$

α est l'angle que fait l'élément ds avec la génératrice.

IV.

Surfaces orthogonales. — Considérons d'abord deux surfaces (A), (B) se coupant suivant une ligne (ε) sous un angle υ; en désignant par (λ, μ, ν), $(\lambda_1, \mu_1, \nu_1)$ les cosinus des angles que font avec les axes les normales MN, MN_1 aux deux surfaces en un point M de la ligne (ε), nous aurons

Fig. 5.

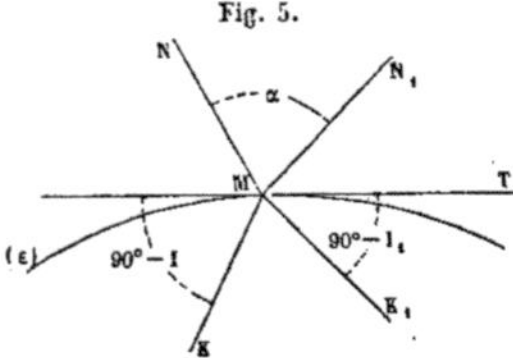

$$(\alpha) \qquad \cos\lambda\cos\lambda_1 + \cos\mu\cos\mu_1 + \cos\nu\cos\nu_1 = \cos\upsilon,$$

et en différentiant,

$$\begin{aligned} d\theta_A &\left(\cos\lambda_1\frac{d\cos\lambda}{d\theta_A} + \cos\mu_1\frac{d\cos\mu}{d\theta_A} + \cos\nu_1\frac{d\cos\nu}{d\theta_A}\right) \\ + d\theta_B &\left(\cos\lambda\frac{d\cos\lambda_1}{d\theta_B} + \cos\mu\frac{d\cos\mu_1}{d\theta_B} + \cos\nu\frac{d\cos\nu_1}{d\theta_B}\right) = -\sin\upsilon\, d\upsilon. \end{aligned}$$

$d\theta_A$, $d\theta_B$ sont les angles des normales voisines suivant (ε). Pour trouver les quantités qui figurent entre parenthèses, je mène par le point M (*fig.* 5) deux droites MK, MK_1 parallèles successivement aux deux normales centrales des surfaces gauches formées par les normales MN,..., MN_1,...; les trièdres $MNTK_1$, MN_1TK donnent successivement, MT étant la tangente à (ε),

$$\cos NMK_1 = \cos\lambda \frac{d\cos\lambda_1}{d\theta_B} + \cos\mu \frac{d\cos\mu_1}{d\theta_B} + \cos\nu \frac{d\cos\nu_1}{d\theta_B} = \cos I_1 \sin\upsilon,$$

$$\cos NMK_1 = \cos\lambda_1 \frac{d\cos\lambda}{d\theta_A} + \cos\mu_1 \frac{d\cos\mu}{d\theta_A} + \cos\nu_1 \frac{d\cos\nu}{d\theta_A} = \cos I \sin\upsilon;$$

remplaçant dans l'équation précédente, on trouve

$$(\beta) \qquad d\theta_A \cos I + d\theta_B \cos I_1 = - d\upsilon.$$

Donc la somme des secondes courbures géodésiques des surfaces (A), (B), le long de leurs intersections communes, est égale à la variation de leur angle pris négativement et divisé par ds. Si l'angle υ était constant, on aurait

$$(\gamma) \qquad d\theta_A \cos I + d\theta_B \cos I_1 = 0;$$

si de plus on avait

$$\cos I = 0,$$

c'est-à-dire si la courbe (ε) était une ligne de courbure sur l'une des deux surfaces, on devrait avoir de plus

$$\cos I_1 = 0.$$

Il s'ensuit que la courbe (ε) doit être aussi une ligne de courbure de l'autre surface (*).

La réciproque est vraie ; en effet, les équations

$$\cos I = 0, \quad \cos I_1 = 0$$

entraînent la suivante

$$d\upsilon = 0.$$

(*) Si les deux surfaces se coupaient orthogonalement, on aurait encore l'équation (γ) et rien de plus; c'est-à-dire, si l'on a

$$\upsilon = 90°,$$

il ne faut pas en conclure que les deux surfaces se coupent suivant une ligne de courbure.

Cette observation paraîtra peut-être étrange, mais j'ai rencontré récemment une Note de M. Finck (*Journal de M. Liouville*, t. IX, 1re série, p. 400) dans laquelle cette erreur s'est glissée.

4.

Cherchons maintenant le rayon de courbure de (ε); en désignant par ABC es angles que fait la tangente MT avec les axes, on aura

$$\sin\upsilon\cos A = \cos\mu\cos\nu_1 - \cos\nu\cos\mu_1,$$
$$\sin\upsilon\cos B = \cos\nu\cos\lambda_1 - \cos\lambda\cos\nu_1,$$
$$\sin\upsilon\cos C = \cos\lambda\cos\mu_1 - \cos\mu\cos\lambda_1;$$

différentiant, il vient

$$\sin\upsilon\, d\cos A + \cos A\, d\sin\upsilon = (\cos\mu\, d\cos\nu_1 - \cos\nu\, d\cos\mu_1) - (\cos\mu_1 d\cos\nu - \cos\nu_1 d\cos\mu),$$
$$\sin\upsilon\, d\cos B + \cos B\, d\sin\upsilon = (\cos\nu\, d\cos\lambda_1 - \cos\lambda\, d\cos\nu_1) - (\cos\nu_1 d\cos\lambda - \cos\lambda_1 d\cos\nu),$$
$$\sin\upsilon\, d\cos C + \cos C\, d\sin\upsilon = (\cos\lambda\, d\cos\mu_1 - \cos\mu\, d\cos\lambda_1) - (\cos\lambda_1 d\cos\mu - \cos\mu_1 d\cos\lambda).$$

Il s'agit maintenant d'élever au carré ces équations, puis de les ajouter ; on a

$$\begin{aligned}
&(\cos\mu\, d\cos\nu_1 - \cos\nu\, d\cos\mu_1)(\cos\mu_1 d\cos\nu - \cos\nu_1 d\cos\mu)\\
&+(\cos\nu\, d\cos\lambda_1 - \cos\lambda\, d\cos\nu_1)(\cos\nu_1 d\cos\lambda - \cos\lambda_1 d\cos\nu)\\
&+(\cos\lambda\, d\cos\mu_1 - \cos\mu\, d\cos\lambda_1)(\cos\lambda_1 d\cos\mu - \cos\mu_1 d\cos\lambda)\\
&=(\cos\lambda\cos\lambda_1 + \cos\mu\cos\mu_1 + \cos\nu\cos\nu_1)\\
&\quad\times(d\cos\lambda\, d\cos\lambda_1 + d\cos\mu\, d\cos\mu_1 + d\cos\nu\, d\cos\nu_1)\\
&=\cos^2\upsilon\,(d\cos\lambda\, d\cos\lambda_1 + d\cos\mu\, d\cos\mu_1 + d\cos\nu\, d\cos\nu_1);
\end{aligned}$$

le trièdre KMK_1 donne aussi

$$\begin{aligned}
&d\cos\lambda\, d\cos\lambda_1 + d\cos\mu\, d\cos\mu_1 + d\cos\nu\, d\cos\nu_1\\
&= -d\theta_A\, d\theta_B(\sin I\sin I_1 + \cos I\cos I_1\cos\upsilon);
\end{aligned}$$

élevant au carré les équations précédentes et ajoutant, on trouve

$$\begin{aligned}
\sin^2\upsilon\, d\varphi^2 + \cos^2\upsilon\, d\upsilon^2 = {}& d\theta_A^2(1 - \cos^2 I\sin^2\upsilon) + d\theta_B^2(1 - \cos^2 I_1\sin^2\upsilon)\\
&+ 2\,d\theta_A\, d\theta_B(\sin I\sin I_1 + \cos I\cos I_1\cos\upsilon).
\end{aligned}$$

On a posé

$$d\cos A^2 + d\cos B^2 + d\cos C^2 = d\varphi^2;$$

éliminant $d\upsilon$ entre l'équation précédente et (β), on trouve sans difficulté

$$\sin^2\upsilon\, d\varphi^2 = d\theta_A^2\sin^2 I + d\theta_B^2\sin^2 I_1 + 2\,d\theta_A\, d\theta_B\sin I\sin I_1\cos\upsilon.$$

Désignons maintenant par $\frac{1}{p}$, $\frac{1}{p_1}$ les courbures de deux sections faites aux deux surfaces (A), (B) par les deux plans tangents aux surfaces (B), (A);

la première (5) donnera

$$-\frac{d\theta_A}{ds}\sin \mathrm{I} = \frac{1}{\rho}\cos\varphi = \frac{1}{p}\sin\upsilon,$$

$$-\frac{d\theta_B}{ds}\sin \mathrm{I}_1 = \frac{1}{\rho_1}\cos(\upsilon-\varphi) = \frac{1}{p_1}\sin\upsilon,$$

donc l'équation précédente donnera, $\frac{1}{r}$ étant le rayon de courbure de (ε),

$$(\delta) \qquad \frac{1}{r^2} = \frac{1}{p^2} + \frac{1}{p_1^2} - 2\frac{1}{pp_1}\cos \mathrm{F} :$$

F est l'angle des deux plans tangents aux deux surfaces au point M. Ce résultat constitue le théorème de Hachette.

Imaginons maintenant trois familles ρ, ρ_1, ρ_2 des surfaces orthogonales; désignons par s, s_1, s_2 les courbes intersections de ces surfaces, nous aurons, comme précédemment,

$$(d\theta\cos \mathrm{I})_s^{\rho_2} + (d\theta\cos \mathrm{I})_s^{\rho_1} = 0,$$

$$(d\theta\cos \mathrm{I})_{s_1}^{\rho} + (d\theta\cos \mathrm{I})_{s_1}^{\rho_2} = 0,$$

$$(d\theta\cos \mathrm{I})_{s_2}^{\rho_1} + (d\theta\cos \mathrm{I})_{s_2}^{\rho} = 0;$$

l'indice supérieur indique la surface et l'indice inférieur l'arc.

D'après le théorème de M. Bertrand, nous devons avoir aussi

$$(d\theta\cos \mathrm{I})_{s_1}^{\rho} + (d\theta\cos \mathrm{I})_{s_2}^{\rho} = 0,$$

$$(d\theta\cos \mathrm{I})_s^{\rho_1} + (d\theta\cos \mathrm{I})_{s_2}^{\rho_1} = 0,$$

$$(d\theta\cos \mathrm{I})_s^{\rho_2} + (d\theta\cos \mathrm{I})_{s_1}^{\rho_2} = 0;$$

j'en conclus

$$(d\theta\cos \mathrm{I})_{s_j}^{\rho_i} = 0,$$

ce qui prouve que chacune des courbes s, s_1, s_2 est ligne de courbure des surfaces sur lesquelles elle se trouve : c'est le théorème bien connu de M. Ch. Dupin.

Considérons maintenant l'arc ds, intersection de deux surfaces conjuguées ρ_1, ρ_2, et menons tout le long de cet arc les normales à la surface ρ_1; on aura ainsi une surface développable; nous désignerons par $\frac{1}{p_1}$, $\frac{1}{r_1}$ la première et la seconde courbure de l'arête de rebroussement de cette développable; l'accent des lettres p, r correspond à l'arc et l'indice à la surface. Les six courbures principales du système seront désignées par la lettre R affectée aussi d'un accent et d'un indice.

Cela étant posé, on aura

$$(\varepsilon)\quad \begin{cases} \dfrac{1}{R_1 r_1} = \dfrac{1}{p_1 R_2}, & \dfrac{1}{R''_1 r''_1} = \dfrac{1}{p''_1 R''}, \\ \dfrac{1}{R'_2 r'_2} = \dfrac{1}{p'_2 R'}, & \dfrac{1}{R_2 r_2} = \dfrac{1}{p_2 R_1}, \\ \dfrac{1}{R'' r''} = \dfrac{1}{p'' R''_1}, & \dfrac{1}{R' r'} = \dfrac{1}{p' R'_2}. \end{cases}$$

Il suffit de démontrer une quelconque de ces relations, les autres en sont équivalentes.

Appliquons pour cela la formule (17) à la ligne de courbure s de la surface ρ_1, elle devient

$$\frac{1}{R_2} = \frac{d\theta_1}{ds},$$

ou bien, en désignant par $d\sigma$ l'arc de l'arête de rebroussement qui correspond à la ligne de courbure considérée,

$$\frac{1}{R_2} = \frac{d\theta_1}{d\sigma}\,\frac{d\sigma}{ds};$$

mais on a

$$\frac{1}{R_1} = \frac{d\theta}{ds}, \qquad \frac{d\theta_1}{d\sigma} = \frac{1}{r_1}, \qquad \frac{d\theta}{d\sigma} = \frac{1}{p_1},$$

donc

$$\frac{1}{R_1 r_1} = \frac{1}{p_1 R_2}.$$

On peut énoncer les équations (ε) comme il suit : Le rapport d'une courbure à sa conjuguée en arc est égal au rapport de la première à la seconde courbure de l'arête de rebroussement de la surface développable considérée.

On voit que dans les formules (ε) il n'entre que le rapport d'une courbure à sa conjuguée en arc, et ce rapport entre dans deux formules différentes; on peut donc l'éliminer, on aura ainsi les trois relations suivantes :

$$\frac{1}{r_1 r_2} = \frac{1}{p_1 p_2},$$

$$\frac{1}{r' r'_2} = \frac{1}{p' p'_2},$$

$$\frac{1}{r'' r''_1} = \frac{1}{p'' p''_2}.$$

Désignons maintenant par q, q_1, q_2, σ, σ_1, σ_2 les premières et secondes courbures absolues des arcs s, s_1, s_2, on aura les six relations suivantes :

$$(\eta)\quad \left\{ \begin{array}{ll} \dfrac{1}{R_1}\dfrac{d\frac{1}{q}}{ds} - \dfrac{1}{q}\dfrac{d\frac{1}{R_1}}{ds} = \dfrac{1}{R_2 q \sigma}, & -\dfrac{1}{R_2}\dfrac{d\frac{1}{q}}{ds} + \dfrac{1}{q}\dfrac{d\frac{1}{R_2}}{ds} = \dfrac{1}{R_1 q \sigma}, \\ \dfrac{1}{R'_2}\dfrac{d\frac{1}{q_1}}{ds_1} - \dfrac{1}{q_1}\dfrac{d\frac{1}{R'_2}}{ds_1} = \dfrac{1}{R' q_1 \sigma_1}, & -\dfrac{1}{R'}\dfrac{d\frac{1}{q_1}}{ds_1} + \dfrac{1}{q_1}\dfrac{d\frac{1}{R'}}{ds_1} = \dfrac{1}{R'_2 q_1 \sigma_1}, \\ \dfrac{1}{R''}\dfrac{d\frac{1}{q_2}}{ds_2} - \dfrac{1}{q_2}\dfrac{d\frac{1}{R''}}{ds_2} = \dfrac{1}{R''_1 q_2 \sigma_2}, & -\dfrac{1}{R''_1}\dfrac{d\frac{1}{q_2}}{ds_2} + \dfrac{1}{q_2}\dfrac{d\frac{1}{R''_1}}{ds_2} = \dfrac{1}{R'' q_2 \sigma_2}. \end{array} \right.$$

En effet, la seconde (5) combinée avec (17) donne, pour la ligne de courbure s,

$$\frac{1}{q}\sin\varphi = \frac{1}{R_2},$$

et en différentiant

$$\frac{1}{q}\frac{d\frac{1}{R_2}}{ds} - \frac{1}{R_2}\frac{d\frac{1}{q}}{ds} = \frac{1}{q^2}\cos\varphi\frac{d\varphi}{ds};$$

or, on a

$$\frac{d\varphi}{ds} = \frac{1}{\sigma}, \qquad \frac{1}{q}\cos\varphi = -\frac{d\theta}{ds} = \frac{1}{R_1};$$

remplaçant dans l'équation précédente, on trouve

$$\frac{1}{R_2}\frac{d\frac{1}{q}}{ds} - \frac{1}{q}\frac{d\frac{1}{R_2}}{ds} = \frac{1}{R_1 q \sigma};$$

c'est, comme on le voit, une des relations (η).

V.

Nous allons appliquer les résultats précédents à quelques exemples.

Surfaces à aire minima. — Je prends d'abord la première (H) :

$$\sin \mathrm{I} \frac{d\theta}{ds} = -\frac{\cos^2 \alpha}{\mathrm{R}_1} - \frac{\sin^2 \alpha}{\mathrm{R}_2}.$$

Faisons dans cette équation

$$\frac{1}{\mathrm{R}_1} = -\frac{1}{\mathrm{R}_2},$$

il vient

$$\sin \mathrm{I} \frac{d\theta}{ds} = \frac{\cos 2\alpha}{\mathrm{R}_1};$$

pour les lignes asymptotiques, on doit avoir

$$\sin \mathrm{I} \frac{d\theta}{ds} = 0,$$

donc

$$2\alpha = 90^\circ,$$

ce qui prouve que dans une surface à aire minima les lignes asymptotiques coupent les lignes de courbure à 45 degrés; de plus les lignes asymptotiques du premier système coupent orthogonalement celles du second système; en particulier pour la surface gauche qui jouit de cette propriété, les lignes asymptotiques coupent orthogonalement les génératrices rectilignes, et les lignes de courbure coupent ces génératrices à 45 degrés. Ce sont là les propriétés bien connues de l'hélicoïde à directrice rectiligne.

La première des équations (K) devient

$$\frac{d\theta}{ds} = \pm \frac{1}{\mathrm{R}_1},$$

c'est-à-dire, si l'on prend, à partir du point considéré, des arcs *ds* égaux entre eux, les normales à la surface le long du contour ainsi formé feront avec la normale au point considéré le même angle.

La formule (Q) prend la forme plus simple

$$\frac{1}{\mathrm{R}_1}\left(\sin \varphi \frac{1}{\rho} + \sin \mathrm{I} \frac{1}{\mathrm{R}^0}\right) = \frac{d\frac{1}{\mathrm{R}_1}}{dx} \sin \alpha - \frac{d\frac{1}{\mathrm{R}}}{dy} \cos \alpha.$$

ρ est le rayon de courbure de l'arc considéré, et R^0 a la même signification que dans la formule (17). Pour les lignes asymptotiques le terme en $\sin I$ doit s'éliminer.

Cherchons maintenant les surfaces qui ont leurs deux courbures égales et de même signe : on doit avoir

$$R_1 = R_2,$$

et la seconde (H) devient

$$\cos I \frac{d\theta}{ds} = 0;$$

elle se décompose en deux,

$$\cos I = 0, \qquad \frac{d\theta}{ds} = 0.$$

La seconde représente un plan, et la première fait voir que toute ligne tracée sur la surface est une ligne de courbure; la surface est donc une sphère.

Les formules précédentes se prêtent de la manière la plus avantageuse à l'étude de la courbure des lignes sphériques; il faut faire partout

$$dI = 0, \quad \sin I = 1, \quad \cos I = 0;$$

la courbure géodésique prend la forme

$$\sin\varphi \frac{1}{\rho} = -\frac{d\theta_1}{ds},$$

et ayant égard à la formule (17),

$$\sin\varphi \frac{1}{\rho} = -\frac{1}{R^0}.$$

Cette formule se traduit par une construction géométrique bien simple :

Par le centre de la sphère abaissons une perpendiculaire au plan osculateur de la courbe sphérique, et soit μ la trace de cette perpendiculaire sur le plan tangent à la sphère au point m de la courbe, la distance $m\mu$ sera le rayon de courbure géodésique R^0. Le point μ appartient à l'arête de rebroussement de la développable, circonscrite à la sphère suivant la courbe considérée.

Les première et seconde courbures sont données par les formules simples

$$\frac{1}{\rho} = -\frac{1}{\cos\varphi}, \qquad \frac{1}{r} = \frac{d\varphi}{ds},$$

le rayon de la sphère est supposé égal à l'unité.

On peut éliminer φ des équations précédentes; il vient

$$\rho^2 + r^2 \frac{d\rho^2}{ds^2} = 1\,;$$

cette équation est due à M. Serret.

J'indique rapidement les propriétés de la développable circonscrite à une sphère.

L'arête de rebroussement est une ligne géodésique d'un cône (C).

Ce cône est la surface rectifiante de l'arête de rebroussement, c'est le lieu des centres de courbure de la développable circonscrite (*).

Si l'on fait rouler un plan sur le cône (C), et que l'on trace sur le plan une droite (K) à une distance du sommet R égale au rayon de la sphère (Σ), le lieu des droites (K) sera la développable circonscrite.

Le sommet du cône (C) est au centre de la sphère (Σ).

Enfin, comme on le sait du reste, les sphères concentriques de (Σ) coupent la surface développable sous un angle constant; les lignes d'intersection sont par conséquent des lignes de courbure.

Surface dont un rayon de courbure est constant. — Posons

$$\frac{1}{R_2} = \text{const.},$$

il vient

$$\frac{d\frac{1}{R_2}}{dx} = \frac{d\frac{1}{R_2}}{dy} = 0.$$

La formule (Q) devient

$$\frac{d\theta_1}{ds}\left(\frac{\sin^2\alpha}{R_1^2} + \frac{\cos^2\alpha}{R_1^2}\right) - \frac{1}{R_1 R_2}\left(\frac{d\mathbf{l} + d\theta_1}{ds}\right) = \cos^2\alpha\left(\frac{1}{R_2}\frac{d\frac{1}{R_1}}{dx}\sin\alpha - \frac{1}{R_1}\frac{d\frac{1}{R_2}}{dy}\cos\alpha\right),$$

et, pour les lignes de courbure,

$$-\frac{d\frac{1}{R_1}}{dy} = \frac{d\theta_1}{ds}\left(\frac{1}{R_1} - \frac{1}{R_2}\right), \quad \frac{d\theta_1}{ds} = 0.$$

Ce sont les équations de M. Lamé.

(*) On appelle surface rectifiante d'une courbe gauche (A) l'enveloppe des plans menés par les tangentes normalement à ses rayons de courbure; il suit de là :

1° Que toute surface développable est rectifiante de toutes ses lignes géodésiques;

2° Que les centres de courbure d'une surface développable sont situés sur la surface rectifiante de son arête de rebroussement;

3° Que si l'on fait rouler un plan sur une surface développable (Π), les lignes tracées sur le plan engendreront des surfaces développables dont les centres de courbure seront situés sur Π. Toutes ces propriétés sont comprises implicitement dans les principes de la *Géométrie* de Monge.

La seconde fait voir que la conjuguée en arc de la courbure constante est nulle; il s'ensuit que la développable circonscrite suivant la ligne de courbure correspondante est un cylindre de révolution.

Ces lignes de courbure sont, par conséquent, des cercles de rayon constant. Elles sont aussi des lignes géodésiques (*).

Les surfaces canaux sont, comme l'on sait, l'enveloppe d'une sphère mobile et de rayon constant; mais elles sont aussi susceptibles d'un autre mode de génération qui fait mieux saisir leur nature, et permet d'étudier plus facilement leurs propriétés. En effet, traçons sur un plan une circonférence, puis faisons rouler ce plan sur une surface développable; il est évident que la circonférence engendrera une surface canal.

Cela permet de calculer immédiatement son volume, car on sait qu'il doit être égal au produit de la surface génératrice par le chemin que parcourt son centre de gravité; il en est de même de sa surface. Le second système des lignes de courbure est évidemment composé par les courbes que décrivent, pendant le mouvement, les différents points de la circonférence mobile. On comprend dès lors que si l'on trace sur le plan mobile la transformée de l'arête de rebroussement de la surface développable, les distances d'un point quelconque de la circonférence génératrice aux tangentes de l'arête transformée représenteront les rayons de courbure de la ligne de courbure décrite par ce point pendant le mouvement.

Surface d'égale courbure. — On doit avoir

$$\frac{1}{R_1 R_2} = \pm \frac{1}{\alpha^2} = \text{const.}$$

(*) Une ligne géodésique plane est aussi ligne de courbure, mais une ligne de courbure plane n'est point une ligne géodésique, et il faut encore que son plan coupe normalement la surface (Jacobi).

Faisons rouler le plan d'une courbe quelconque (c) sur une surface développable (A) : la courbe (c) engendrera une surface (K) dont les lignes de courbure de l'un des systèmes seront les courbes (c); ces lignes sont aussi géodésiques sur (K). Les lignes décrites dans l'espace pendant le mouvement par les différents points de (c) constituent le second système des lignes de courbure de la surface (K).

Ces surfaces correspondent au cas où l'équation des lignes géodésiques

$$d\theta + dI = 0$$

se décompose ainsi

$$d\theta_1 = 0, \quad dI = 0;$$

elles font voir que la développable circonscrite, suivant la ligne géodésique, est un cylindre, et la courbe de contact une hélice *en général*. Comme second exemple on peut considérer les surfaces gauches. Les génératrices rectilignes sont en même temps géodésiques et asymptotiques.

L'équation (L) donne, par conséquent,

$$\frac{d\theta^2}{ds^2} = \pm \frac{1}{\alpha^2}.$$

Cette valeur de $\frac{d\theta}{ds}$ se rapporte à la valeur

$$\tang \alpha = \pm \frac{R_2}{R_1},$$

et par conséquent aux lignes asymptotiques, si les deux courbures principales de la surface sont de signe contraire.

Prenons maintenant la formule qui donne la seconde courbure d'une courbe

$$\frac{1}{r} = \frac{d\varphi + \cos I d\theta}{ds},$$

et comme on a pour les lignes asymptotiques

$$\cos I = 1, \quad \varphi = 90°,$$

donc

$$\frac{1}{r^2} = \frac{d\theta^2}{ds^2} = \frac{1}{R_1 R_2}.$$

Cette équation fait voir qu'en tout point d'une surface quelconque, la seconde courbure de la ligne asymptotique qui passe en ce point est moyenne proportionnelle entre les deux courbures principales.

Pour les surfaces d'égale courbure, la seconde courbure des lignes asymptotiques doit être constante.

VI.

Lignes de courbure. — Leur équation générale est

$$\cos I = 0,$$

ou, en ayant égard à l'équation (F),

$$(\varkappa) \qquad dq dx - dp dy + (p dq - q dp) dz = 0.$$

Pour donner une application relative aux lignes de courbure, je chercherai les surfaces dont toutes les lignes de courbure sont planes et les plans de l'un des systèmes parallèles.

On sait que ces surfaces sont engendrées par une courbe plane, pendant que son plan roule sans glisser sur un cylindre ; il est clair que ce mouvement se réduit au glissement d'un plan (P) sur un plan (Q) fixe.

Les formules de transformation de coordonnées sont dans le cas actuel :

$$(\lambda)\qquad \begin{cases} x = \xi + x_1 \cos\alpha - y_1 \sin\alpha, \\ y = \eta + x_1 \sin\alpha + y_1 \cos\alpha, \\ z = z_1. \end{cases}$$

Le centre instantané sera donné par les équations

$$(\mu)\qquad \begin{cases} \dfrac{d\xi}{d\alpha} - x_1 \sin\alpha - y_1 \cos\alpha = 0, \\ \dfrac{d\eta}{d\alpha} + x_1 \cos\alpha - y_1 \sin\alpha = 0, \end{cases}$$

sur le plan fixe, et sur le plan mobile par

$$(\nu)\qquad \begin{cases} \dfrac{d\xi}{d\alpha} - (y - \eta) = 0, \\ \dfrac{d\eta}{d\alpha} + (x - \xi) = 0. \end{cases}$$

Soit

$$(\sigma)\qquad F(xy) = 0$$

la section orthogonale du cylindre sur lequel roule le plan de $(x_1 z_1)$ pendant le mouvement; les valeurs de (x, y), tirées des équations (ν), doivent vérifier évidemment l'équation (σ), et l'on aura

$$(o)\qquad F\left(\frac{d\xi}{d\alpha} + \eta,\ -\frac{d\eta}{d\alpha} + \xi\right) = 0.$$

Le lieu des centres instantanés sur le plan mobile étant l'axe des x_1, on doit avoir

$$(\varpi)\qquad \frac{d\xi}{d\eta} = -\tang\alpha.$$

Soient enfin

$$y_1 = 0, \quad F_1(x_1 z_1) = 0$$

les équations de la méridienne génératrice. Remplaçant (x_1, y_1, z_1) par leurs valeurs (λ), il vient

$$(\tau)\qquad \begin{cases} y-\eta=(x-\xi)\tang\alpha, \\ F_1\left(\dfrac{x-\xi}{\cos\alpha}, z\right)=0. \end{cases}$$

L'élimination de α, ξ, η, entre les équations (o), (ϖ), (τ), donnera l'équation de la surface cherchée. Je ne pense pas qu'il soit nécessaire de particulariser davantage la question.

Surface tangente aux normales d'un hélicoïde à plan directeur. — La recherche de la surface touchée par toutes les normales d'une surface donnée se simplifie considérablement dans le cas des surfaces gauches, car on sait que les normales, le long d'une génératrice, forment un paraboloïde hyperbolique. Le calcul suivant se rapporte à l'hélicoïde à plan directeur :

$$(\upsilon)\qquad \frac{y}{x}=\operatorname{arc\,tang}\frac{z}{c}=A\,;$$

les équations de la normale sont

$$(\varphi)\qquad \begin{cases} X-x=-p(Z-z), \\ Y-y=-q(Z-z). \end{cases}$$

L'équation (υ), différentiée successivement par rapport à x et y, donne

$$\frac{dz}{dx}=p=-\frac{cy}{x^2\cos^2\frac{y}{x}},$$

$$\frac{dz}{dy}=q=\frac{c}{x\cos^2\frac{y}{x}},$$

et les équations de la normale deviennent

$$x^2\cos^2\frac{y}{x}(X-x)=cy(Z-z),$$

$$x\cos^2\frac{y}{x}(Y-y)=c\,(Z-z);$$

d'où, en ayant égard à l'équation (υ),

$$x = \frac{X + YA}{1 + A^2},$$

$$y = \frac{X + YA}{1 + A^2} A;$$

par conséquent,

$$x^2 + y^2 = \frac{(X + YA)^2}{1 + A^2}.$$

Remplaçant x, y dans l'une des équations (φ), on trouve

$$(X + YA)(AX - Y) = C(A^2 + 1)(Z - z).$$

Cette équation représente un paraboloïde hyperbolique normal à l'hélicoïde. Son enveloppe est évidemment la surface cherchée. Je différentie par rapport à A : il vient, en ayant égard à l'équation (υ),

$$(\chi) \qquad (X + YA)X + (XA - Y)Y = -C^2 + 2CA(Z - z).$$

La surface est donc représentée par les équations

$$(\omega) \qquad \begin{cases} A(X^2 - Y^2) + (A^2 - 1)XY = C(Z - C \tang A)(1 + A^2), \\ X^2 - Y^2 + 2AYX + C^2 = 2CA(Z - C \tang A). \end{cases}$$

Ces équations représentent aussi, pour une même valeur de A, la courbe de contact de l'hyperboloïde (χ) avec la surface (ω).

En éliminant le terme ($Z - C \tang A$) des équations précédentes, on trouve

$$X^2 - Y^2 - \frac{4A}{A^2 - 1} = C^2 \frac{1 + A^2}{A^2 - 1}.$$

Elle représente une hyperbole équilatère, mais dont la forme est indépendante de A; car en chassant XY, on trouve

$$Y^2 - X^2 = C^2.$$

Il s'ensuit que si l'on prend, sur les normales menées le long d'une génératrice, les centres de courbure, on formera une courbe dont la projection horizontale sera une hyperbole équilatère dont l'axe sera égal au coefficient de distribution des plans tangents de l'hélicoïde.

Les formules précédentes serviront aussi à déterminer le rayon de courbure. Voici sa valeur :

$$\frac{1}{R}=\frac{C}{C^2+X^2};$$

R est le rayon de courbure et X la distance du point considéré au point central, etc.

Lignes asymptotiques. — Elles sont représentées par l'équation

$$(\alpha_1) \qquad -\frac{d\theta}{ds}\sin I=0;$$

l'équation (6) fournira en même temps leur première courbure

$$(6_1) \qquad \frac{1}{\rho}=-\frac{d\theta_1+dI}{ds}.$$

(α_1) se décompose comme il suit :

$$(\gamma_1) \qquad d\theta=0, \quad \sin I=0.$$

La première est comprise dans la seconde. En effet, si dans l'équation (1) on suppose

$$d\theta=0,$$

c'est-à-dire

$$\beta=\infty,$$

on en déduit

$$\tang I=0.$$

Donc, etc. La dernière équation fait voir qu'on a toujours

$$dI=0,$$

en sorte que la courbure des lignes asymptotiques se réduit, dans tous les cas, à

$$\frac{1}{\rho}=-\frac{d\theta_1}{ds}.$$

La seconde courbure est, comme on sait déjà,

$$\frac{1}{r}=\frac{d\theta}{ds}.$$

Si dans les équations (1) on suppose

$$\sin I = 0,$$

on déduit

$$R = 0.$$

Donc : les lignes asymptotiques d'une surface (Σ) sont les lignes de striction des surfaces gauches (K) formées par les normales à la surface (Σ), suivant ses asymptotiques.

Une asymptotique de la surface (Σ) est une ligne géodésique de la surface (K).

Si l'on prend un point m sur une asymptotique et qu'on mène un plan (P) normal à la surface, et contenant la tangente à l'asymptotique en ce point, la projection de cette ligne sur le plan (P) présentera au point m une inflexion.

La surface réciproque de (K) est développable, elle touche la surface (Σ), et la courbe de contact est son arête de rebroussement.

Chacune des propriétés précédentes est caractéristique.

Les équations (γ_1), en passant aux coordonnées ordinaires, deviennent (F)

$$dp^2 + dq^2 + (pdq - qdp) = 0,$$
$$[pqdq - (1 + q^2)dp]\,dx + [pqdp - (1 + p^2)dq]\,dy = (pdp + qdq)\,dz.$$

La première représente, comme on sait, une surface développable.

La seconde, en y remplaçant dz, dp, dq par leurs valeurs et réduisant, devient

$$\frac{dy^2}{dx^2} + 2\frac{s}{t}\frac{dy}{dx} + \frac{r}{t} = 0.$$

C'est sous cette forme que M. Dupin l'a donnée pour la première fois.

La réalité de ses racines exige que l'on ait

$$s^2 - rt > 0,$$

c'est-à-dire il faut que l'indicatrice soit hyperbolique, et alors les deux lignes asymptotiques seront dirigées suivant les asymptotes.

Comme application, je chercherai les surfaces de révolution dont les lignes asymptotiques sont des loxodromies. Les méridiennes de ces surfaces ont une remarquable propriété.

On doit avoir d'après la formule (z)

$$\frac{R_2}{R_1} = \text{const.},$$

R_2, R_1 étant les deux rayons de courbure, c'est-à-dire le rayon de courbure et la normale, relativement à l'axe de révolution, de la méridienne. On sait qu'il est possible d'obtenir les équations de ces courbes en termes finis toutes les fois que la constante est un nombre entier; mais je prends la formule bien connue de Savary, relative aux enveloppes des courbes planes,

$$\frac{1}{R_1} \pm \frac{1}{R} = \cos\varphi \left(\frac{1}{R'_1 + N'} + \frac{1}{R' - N'} \right).$$

Je rappelle que dans cette formule R_1, R sont les rayons de courbure des

Fig. 6.

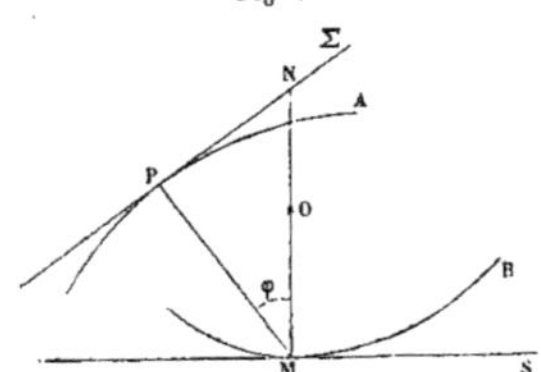

courbes roulantes (*fig.* 6) MS, MB, et comme nous supposerons MS ligne droite, il faut faire

$$\frac{1}{R_1} = 0;$$

R'_1, R' sont les rayons de courbure de l'enveloppe PΣ et de l'enveloppée PA; PΣ étant une ligne droite aussi, on aura

$$\frac{1}{R'_1} = 0.$$

Enfin N' est la longueur PM. La formule de Savary devient, d'après les suppositions précédentes,

$$\frac{1}{\cos\varphi}(R' - N') = \pm R.$$

Mais on a (*fig.* 6)

$$\cos\varphi = \frac{MP}{MN} = \frac{N'}{N};$$

éliminant $\cos\varphi$ entre les deux dernières, on trouve

$$\frac{R'}{N'} = 1 \pm \frac{R}{N}.$$

Il s'ensuit que si $\frac{R}{N}$ est constant, $\frac{R'}{N'}$ sera aussi constant, et ces deux rapports sont évidemment les mêmes que le rapport $\frac{R_2}{R_1} = \text{const.}$ Les méridiennes cherchées jouissent donc de la propriété suivante.

Si l'on fait rouler une courbe, pour laquelle on a

$$\frac{R_2}{R_1} = \text{const.},$$

sur une ligne droite, l'enveloppe de son axe ou de sa directrice sera une courbe pour laquelle on aura

$$\frac{R_2}{R_1} = \text{const.} + 1.$$

D'après cela, l'enveloppe de la directrice d'une parabole est une chainette, la directrice d'une chaînette enveloppera un point, le point donnera un cercle, un diamètre du cercle enveloppera une cycloïde, et ainsi de suite.

Lignes géodésiques. — Leur équation générale est

$$dI + d\theta_1 = 0.$$

Elle exprime que si l'on développe sur un plan la développable circonscrite suivant une ligne géodésique, cette ligne se transformera après le développement à une ligne droite. En effet, soit AB (*fig.* 7) la transformée de l'a-

Fig. 7.

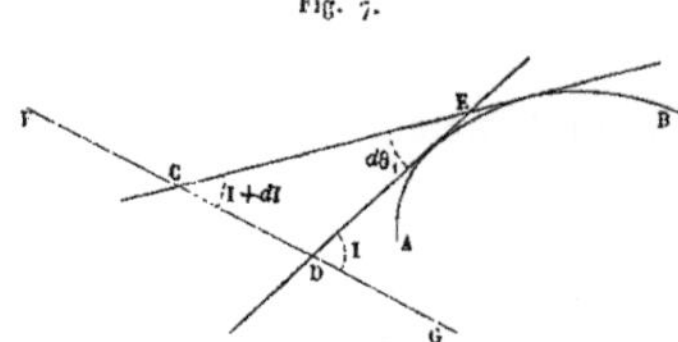

rête de rebroussement, FG la transformée de la ligne géodésique : le triangle GDE donne

$$I + dI + d\theta_1 = I,$$

ou

$$dI + d\theta_1 = 0$$

Il y a une classe de surfaces pour lesquelles l'équation des lignes géodésiques se met sous une forme qui pourrait être utile dans certaines circonstances; les deux systèmes (S), (S_1) des lignes de courbure de ces surfaces sont planes, et les plans de l'un des systèmes (S_1) sont parallèles (*fig.* 8).

Fig. 8.

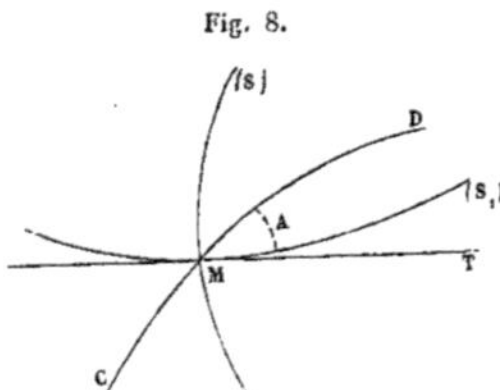

Désignons par A l'angle qu'une ligne quelconque CD tracée sur la surface fait avec les lignes (S_1); par β, β', β'' les angles que fait avec les axes la tangente à CD au point M, et par γ, γ', γ'' les angles de la tangente MT avec les mêmes axes; nous aurons

$$\cos\gamma'' = 0, \quad \cos\beta\cos\gamma + \cos\beta'\cos\gamma' = \cos A.$$

L'axe de z est supposé perpendiculaire aux plans des lignes (S_1).

Différentions la seconde des équations précédentes; il vient

$$(\omega) \quad \cos\beta\, d\cos\gamma + \cos\beta'\, d\cos\gamma' + \cos\gamma\, d\cos\beta + \cos\gamma'\, d\cos\beta' = -\sin A\, dA.$$

On démontrera sans la moindre difficulté les équations suivantes :

$$\cos\beta\, d\cos\gamma + \cos\beta'\, d\cos\gamma' = \sin A \cos u\, d\alpha,$$
$$\cos\gamma\, d\cos\beta + \cos\gamma'\, d\cos\beta' = \sin A \sin\varphi\, d\eta;$$

$d\alpha$ est l'angle de deux tangentes voisines analogues à MT, $d\eta$ est l'angle de contingence de la courbe CD, u est l'angle que fait le plan tangent au point M avec le plan des (xy); enfin φ est l'angle du rayon de courbure avec la normale à la surface au point M. L'équation (ω) prend la forme

$$\cos u \frac{d\alpha}{ds} + \frac{1}{\rho}\sin\varphi = -\frac{dA}{ds},$$

et pour les lignes géodésiques

$$\cos u \frac{d\alpha}{ds} + \frac{dA}{ds} = 0.$$

Cette équation s'intègre dans le cas des surfaces de révolution : l'intégrale a été donnée par Clairaut.

Vu et approuvé.
Le 26 novembre 1864.
LE DOYEN DE LA FACULTÉ DES SCIENCES,

MILNE EDWARDS.

Permis d'imprimer.
Le 26 novembre 1864.
LE VICE-RECTEUR DE L'ACADÉMIE DE PARIS.

A. MOURIER.

DEUXIÈME THÈSE.

THÉORIE DE LA DÉFORMATION DES SURFACES RÉGLÉES

DÉDUITE DU MOUVEMENT D'UN SYSTÈME INVARIABLE.

I.

La théorie de la déformation des surfaces réglées a été donnée par Minding et MM. Ossian Bonnet et Bour.

En partant de considérations complétement différentes, j'ai réussi à établir une nouvelle théorie.

Voici l'idée que j'ai développée :

Quand un système invariable est en mouvement, *sous certaines conditions*, il y a à chaque instant une suite de points dont la vitesse est nulle. Le lieu de ces points est une ligne droite, qu'on appelle *axe instantané* ; les lieux de ces axes, dans l'espace fixe et dans le système mobile, forment deux surfaces réglées, applicables l'une sur l'autre, sans extension ni déchirure.

L'histoire de l'axe instantané a été faite par M. Chasles, avec une précision frappante, dans un beau Mémoire inséré dans les *Comptes rendus de l'Académie*, t. LI et LII : je n'ai donc rien à dire sur cette partie. Mais en ce qui concerne l'importance du sujet, on me permettra de citer les lignes par lesquelles ce beau Mémoire se termine :

Je reviendrai dans d'autres communications sur ces matières, susceptibles d'applications nombreuses, même dans la théorie des courbes et des surfaces, et qui me paraissent devoir prendre un jour de l'importance dans la Géométrie générale.

Je suis heureux d'avoir pu réaliser en partie les prévisions de l'illustre Géomètre.

II.

Considérons un système d'axes rectangulaires en mouvement, et soient :

$a, a', a'', b, \ldots$, les cosinus des angles que font ces axes avec des axes fixes arbitrairement choisis ;

ξ, η, ζ, les coordonnées de l'origine mobile relativement aux axes fixes :

$(x_1 y_1 z_1)$, (xyz), les coordonnées d'un point quelconque ; nous aurons à chaque instant

$$(1)\qquad \left\{\begin{aligned} x &= \xi + x_1 a + y_1 b + z_1 c,\\ y &= \eta + x_1 a' + y_1 b' + z_1 c',\\ z &= \zeta + x_1 a'' + y_1 b'' + z_1 c''.\end{aligned}\right.$$

Les cosinus $a, b, \ldots$ vérifient, comme on sait, les relations suivantes

$$(2)\qquad \left\{\begin{aligned} a^2 + a'^2 + a''^2 &= 1, & ab + a'b' + a''b'' &= 0,\\ b^2 + b'^2 + b''^2 &= 1, & bc + b'c' + b''c'' &= 0,\\ c^2 + c'^2 + c''^2 &= 1, & ca + c'a' + c''a'' &= 0.\end{aligned}\right.$$

Les points dont les déplacements sont nuls à chaque instant sont donnés par les équations

$$(3)\qquad \left\{\begin{aligned} &\frac{d\xi}{d\theta} + x_1 \frac{da}{d\theta} + y_1 \frac{db}{d\theta} + z_1 \frac{dc}{d\theta} = 0,\\ &\frac{d\eta}{d\theta} + x_1 \frac{da'}{d\theta} + y_1 \frac{db'}{d\theta} + z_1 \frac{dc'}{d\theta} = 0,\\ &\frac{d\zeta}{d\theta} + x_1 \frac{da''}{d\theta} + y_1 \frac{db''}{d\theta} + z_1 \frac{dc''}{d\theta} = 0.\end{aligned}\right.$$

θ est une variable indépendante dont nous préciserons plus tard la signification.

Les équations (2) donnent

$$\begin{aligned} aa' + bb' + cc' &= 0,\\ a'a'' + b'b'' + c'c'' &= 0,\\ a''a + b''b + c''c &= 0,\end{aligned}$$

et en différentiant,

$$\begin{aligned} a\frac{da'}{d\theta} + b\frac{db'}{d\theta} + c\frac{dc'}{d\theta} &= -a'\frac{da}{d\theta} - b'\frac{db}{d\theta} - c'\frac{dc}{d\theta} = p_1,\\ a\frac{da''}{d\theta} + b\frac{db''}{d\theta} + c\frac{dc''}{d\theta} &= -a''\frac{da}{d\theta} - b''\frac{db}{d\theta} - c''\frac{dc}{d\theta} = -r_1,\\ a'\frac{da''}{d\theta} + b'\frac{db''}{d\theta} + c'\frac{dc''}{d\theta} &= -a''\frac{da'}{d\theta} - b''\frac{db'}{d\theta} - c''\frac{dc'}{d\theta} = q_1.\end{aligned}$$

En ayant égard à ces équations on trouve aisément

$$\begin{vmatrix} a & b & c \\ a' & b' & c' \\ a'' & b'' & c'' \end{vmatrix} \begin{vmatrix} \frac{da}{d\theta} & \frac{db}{d\theta} & \frac{dc}{d\theta} \\ \frac{da'}{d\theta} & \frac{db'}{d\theta} & \frac{dc'}{d\theta} \\ \frac{da''}{d\theta} & \frac{db''}{d\theta} & \frac{dc''}{d\theta} \end{vmatrix} = \begin{vmatrix} 0 & p_1 & -r_1 \\ -p_1 & 0 & q_1 \\ r_1 & -q_1 & 0 \end{vmatrix} = 0,$$

mais on sait que

$$(4) \qquad \begin{vmatrix} a & b & c \\ a' & b' & c' \\ a'' & b'' & c'' \end{vmatrix} = \pm 1,$$

donc

$$(5) \qquad \begin{vmatrix} \frac{da}{d\theta} & \frac{db}{d\theta} & \frac{dc}{d\theta} \\ \frac{da'}{d\theta} & \frac{db'}{d\theta} & \frac{dc'}{d\theta} \\ \frac{da''}{d\theta} & \frac{db''}{d\theta} & \frac{dc''}{d\theta} \end{vmatrix} = 0.$$

Cette dernière équation fait voir que les équations (3) ne sont compatibles qu'autant que l'on a

$$(6) \qquad \cos\lambda \frac{d\xi}{d\theta} + \cos\mu \frac{d\eta}{d\theta} + \cos\nu \frac{d\zeta}{d\theta} = 0,$$

$\cos\lambda$, $\cos\mu$, $\cos\nu$ étant proportionnels aux coefficients des éléments d'une même ligne verticale dans le développement du déterminant (5). On s'assurera aisément que λ, μ, ν représentent les angles de l'axe instantané avec les axes fixes. L'équation (6) exprime donc que le déplacement de l'origine, ou d'un point quelconque du système en mouvement, doit être perpendiculaire à l'axe instantané.

Multiplions les équations (3) par a, a', a'', et ajoutons : il vient

$$a\frac{d\xi}{d\theta} + a'\frac{d\eta}{d\theta} + a''\frac{d\zeta}{d\theta} + y_1\left(a\frac{db}{d\theta} + a'\frac{db'}{d\theta} + a''\frac{db''}{d\theta}\right)$$
$$+ z_1\left(a\frac{dc}{d\theta} + a'\frac{dc'}{d\theta} + a''\frac{dc''}{d\theta}\right) + x_1\left(a\frac{da}{d\theta} + a'\frac{da'}{d\theta} + a''\frac{da''}{d\theta}\right) = 0;$$

les équations (2) donnent

$$(7)\quad \begin{cases} a\dfrac{db}{d\theta}+a'\dfrac{db'}{d\theta}+a''\dfrac{db''}{d\theta}=-b\dfrac{da}{d\theta}-b'\dfrac{da'}{d\theta}-b''\dfrac{da''}{d\theta}=r,\\ b\dfrac{dc}{d\theta}+b'\dfrac{dc'}{d\theta}+b''\dfrac{dc''}{d\theta}=-c\dfrac{db}{d\theta}-c'\dfrac{db'}{d\theta}-c''\dfrac{db''}{d\theta}=p,\\ c\dfrac{da}{d\theta}+c'\dfrac{da'}{d\theta}+c''\dfrac{da''}{d\theta}=-a\dfrac{dc}{d\theta}-a'\dfrac{dc'}{d\theta}-a''\dfrac{dc''}{d\theta}=q,\\ a\dfrac{da}{d\theta}+a'\dfrac{da'}{d\theta}+a''\dfrac{da''}{d\theta}=0,\\ b\dfrac{db}{d\theta}+b'\dfrac{db'}{d\theta}+b''\dfrac{db''}{d\theta}=0,\\ c\dfrac{dc}{d\theta}+c'\dfrac{dc'}{d\theta}+c''\dfrac{dc''}{d\theta}=0. \end{cases}$$

L'équation précédente se mettra donc sous la forme

$$a\frac{d\xi}{d\theta}+a'\frac{d\eta}{d\theta}+a''\frac{d\zeta}{d\theta}+ry_1-qz_1=0.$$

Désignons par R la distance de l'origine ($\xi\eta\zeta$) à l'axe instantané, par $\alpha_1, \beta_1, \gamma_1$ les angles que fait avec les axes mobiles la direction de son déplacement, et posons

$$(8)\qquad \Omega^2=p^2+q^2+r^2,$$

on aura, comme on sait,

$$(9)\quad \begin{cases} a\dfrac{d\xi}{d\theta}+a'\dfrac{d\eta}{d\theta}+a''\dfrac{d\zeta}{d\theta}=\Omega\mathrm{R}\cos\alpha_1,\\ b\dfrac{d\xi}{d\theta}+b'\dfrac{d\eta}{d\theta}+b''\dfrac{d\zeta}{d\theta}=\Omega\mathrm{R}\cos\beta_1,\\ c\dfrac{d\xi}{d\theta}+c'\dfrac{d\eta}{d\theta}+c''\dfrac{d\zeta}{d\theta}=\Omega\mathrm{R}\cos\gamma_1, \end{cases}$$

et l'équation précédente se mettra sous la forme

$$\Omega\mathrm{R}\cos\alpha_1+ry_1-qz_1=0;$$

de même on aura

$$\Omega\mathrm{R}\cos\beta_1+pz_1-rx_1=0,$$
$$\Omega\mathrm{R}\cos\gamma_1+qx_1-py_1=0.$$

Si l'on remplace à ces équations x_1, y_1, z_1 par leurs valeurs en fonction de

xyz, tirées des équations (1), on aura les équations de l'axe instantané par rapport aux axes fixes. Il vient

$$(10)\quad \begin{cases} \Omega R \cos\alpha_1 + r[b(x-\xi)+b'(y-\eta)+b''(z-\zeta)] \\ \qquad -q\,[c(x-\xi)+c'(y-\eta)+c''(z-\zeta)] = 0, \\ \Omega R \cos\beta_1 + p\,[c(x-\xi)+c'(y-\eta)+c''(z-\zeta)] \\ \qquad -r\,[a(x-\xi)+a'(y-\eta)+a''(z-\zeta)] = 0, \\ \Omega R \cos\gamma_1 + q\,[a(x-\xi)+a'(y-\eta)+a''(z-\zeta)] \\ \qquad -p\,[b(x-\xi)+b'(y-\eta)+b''(z-\zeta)] = 0. \end{cases}$$

Désignons par α, β, γ les angles du déplacement de l'origine avec les axes fixes, nous aurons

$$(11)\quad \begin{cases} \cos\alpha = a\ \cos\alpha_1 + b\ \cos\beta_1 + c\ \cos\gamma_1, \\ \cos\beta = a'\cos\alpha_1 + b'\cos\beta_1 + c'\cos\gamma_1, \\ \cos\gamma = a''\cos\alpha_1 + b''\cos\beta_1 + c''\cos\gamma_1. \end{cases}$$

Multipliant maintenant les équations (10) par a, b, c, et ajoutant, il vient, après quelques simplifications évidentes,

$$\begin{aligned} R\Omega\cos\alpha + (z-\zeta)(pa'+qb'+rc') - (y-\eta)(pa''+qb''+rc'') &= 0, \\ R\Omega\cos\beta + (x-\zeta)(pa+qb+rc) - (z-\zeta)(pa'+qb'+rc') &= 0, \\ R\Omega\cos\gamma + (y-\eta)(pa''+qb''+rc'') - (x-\xi)(pa+qb+rc) &= 0. \end{aligned}$$

$(\lambda\mu\nu)$ $(\lambda_1\mu_1\nu_1)$ étant les angles que l'axe instantané fait avec les axes fixes et mobiles, on a

$$\begin{aligned} \Omega\cos\lambda_1 &= p, & \Omega\cos\lambda &= ap+bq+cr, \\ \Omega\cos\mu_1 &= q, & \Omega\cos\mu &= a'p+b'q+c'r, \\ \Omega\cos\nu_1 &= r, & \Omega\cos\nu &= a''p+b''q+c''r. \end{aligned}$$

Remplaçant ces valeurs dans les équations de l'axe instantané, on les mettra sous la forme définitive que voici :

$$(\Sigma_m)\quad \begin{cases} R\cos\alpha_1 + \cos\nu_1 y_1 - \cos\mu_1 z_1 = 0, \\ R\cos\beta_1 + \cos\lambda_1 z_1 - \cos\nu_1 x_1 = 0, \\ R\cos\gamma_1 + \cos\mu_1 x_1 - \cos\lambda_1 y_1 = 0. \end{cases}$$

$$(\Sigma_f)\quad \begin{cases} R\cos\alpha + (y-\eta)\cos\nu - (z-\zeta)\cos\mu = 0, \\ R\cos\beta + (z-\zeta)\cos\lambda - (x-\xi)\cos\nu = 0, \\ R\cos\gamma + (x-\xi)\cos\mu - (y-\eta)\cos\lambda = 0. \end{cases}$$

Les trois premières se rapportent à la surface lieu des axes instantanés dans le système mobile, et les trois suivantes à la surface fixe.

Pour abréger le langage nous dirons souvent la surface (Σ_m) ou (Σ_f) pour indiquer la surface représentée par les équations précédentes.

On peut remarquer que les équations (Σ_m) représentent une surface gauche quelconque, et toutes les fois qu'on aura en fonction d'une variable indépendante les valeurs de $\cos\lambda_1 \cos\mu_1 \ldots \cos\alpha_1 \ldots$ R, on pourra mettre les équations de la surface sous cette forme symétrique.

III.

Les cosinus $\cos\lambda$, $\cos\mu, \ldots$, $\cos\lambda_1, \ldots$, abc, et les rotations $pd\theta\ldots$ sont liés par des relations qui nous seront utiles.

On a d'abord

$$(12)\quad \left\{\begin{array}{l} \cos\lambda_1 = a\cos\lambda + a'\cos\mu + a''\cos\nu, \\ \cos\mu_1 = b\cos\lambda + b'\cos\mu + b''\cos\nu, \\ \cos\nu_1 = c\cos\lambda + c'\cos\mu + c''\cos\nu, \\ \cos\lambda = a\cos\lambda_1 + b\cos\mu_1 + c\cos\nu_1, \\ \cos\mu = a'\cos\lambda_1 + b'\cos\mu_1 + c'\cos\nu_1, \\ \cos\nu = a''\cos\lambda_1 + b''\cos\mu_1 + c''\cos\nu_1. \end{array}\right.$$

Différentiant les trois dernières, on trouve

$$\frac{d\cos\lambda}{d\theta} = a\frac{d\cos\lambda_1}{d\theta} + b\frac{d\cos\mu_1}{d\theta} + c\frac{d\cos\nu_1}{d\theta} + \cos\lambda_1\frac{da}{d\theta} + \cos\mu_1\frac{db}{d\theta} + \cos\nu_1\frac{dc}{d\theta},$$

$$\frac{d\cos\mu}{d\theta} = a'\frac{d\cos\lambda_1}{d\theta} + b'\frac{d\cos\mu_1}{d\theta} + c'\frac{d\cos\nu_1}{d\theta} + \cos\lambda_1\frac{da'}{d\theta} + \cos\mu_1\frac{db'}{d\theta} + \cos\nu_1\frac{dc'}{d\theta},$$

$$\frac{d\cos\nu}{d\theta} = a''\frac{d\cos\lambda_1}{d\theta} + b''\frac{d\cos\mu_1}{d\theta} + c''\frac{d\cos\nu_1}{d\theta} + \cos\lambda_1\frac{da''}{d\theta} + \cos\mu_1\frac{db''}{d\theta} + \cos\nu_1\frac{dc''}{d\theta}.$$

Multiplions par a, a', a'', et ajoutons, il vient

$$a\frac{d\cos\lambda}{d\theta} + a'\frac{d\cos\mu}{d\theta} + a''\frac{d\cos\nu}{d\theta} = \frac{d\cos\lambda_1}{d\theta} + r\cos\mu_1 - q\cos\nu_1;$$

mais

$$r\cos\mu_1 - q\cos\nu_1 = 0;$$

par conséquent

$$a\frac{d\cos\lambda}{d\theta} + a'\frac{d\cos\mu}{d\theta} + a''\frac{d\cos\nu}{d\theta} = \frac{d\cos\lambda_1}{d\theta},$$

et de même

$$(13)\quad \begin{cases} b\dfrac{d\cos\lambda}{d\theta}+b'\dfrac{d\cos\mu}{d\theta}+b''\dfrac{d\cos\nu}{d\theta}=\dfrac{d\cos\mu_1}{d\theta},\\ c\dfrac{d\cos\lambda}{d\theta}+c'\dfrac{d\cos\mu}{d\lambda}+c''\dfrac{d\cos\nu}{d\theta}=\dfrac{d\cos\nu_1}{d\theta}.\end{cases}$$

Ajoutant ces équations, après les avoir carrées, on obtient

$$(14)\qquad d\cos\lambda^2+d\cos\mu^2+d\cos\nu^2=d\cos\lambda_1^2+d\cos\mu_1^2+d\cos\nu_1^2=d\theta^2.$$

On voit que l'angle de deux génératrices voisines de la surface (Σ_m) est égal à l'angle de deux génératrices voisines de la surface (Σ_f). C'est cet angle infiniment petit que je choisis pour variable indépendante, et je la conserverai jusqu'à la fin.

La perpendiculaire commune à deux génératrices voisines de la surface (Σ_f) fait avec les axes fixes des angles dont les cosinus sont

$$\cos\lambda^0=\cos\mu\frac{d\cos\nu}{d\theta}-\cos\nu\frac{d\cos\mu}{d\theta},$$
$$\cos\mu^0=\cos\nu\frac{d\cos\lambda}{d\theta}-\cos\lambda\frac{d\cos\nu}{d\theta},$$
$$\cos\nu^0=\cos\lambda\frac{d\cos\mu}{d\theta}-\cos\mu\frac{d\cos\lambda}{d\theta};$$

de même, en désignant par $\lambda_1^0, \mu_1^0, \nu_1^0$ les angles de cette droite avec les axes mobiles, on aura

$$(15)\quad \begin{cases} \cos\lambda_1^0=\cos\mu_1\dfrac{d\cos\nu_1}{d\theta}-\cos\nu_1\dfrac{d\cos\mu_1}{d\theta},\\ \cos\mu_1^0=\cos\nu_1\dfrac{d\cos\lambda_1}{d\theta}-\cos\lambda_1\dfrac{d\cos\nu_1}{d\theta},\\ \cos\nu_1^0=\cos\lambda_1\dfrac{d\cos\mu_1}{d\theta}-\cos\mu_1\dfrac{d\cos\lambda_1}{d\theta}.\end{cases}$$

Les quantités $\dfrac{d\cos\lambda}{d\theta},\dots$ sont les cosinus des angles que fait la normale aux deux surfaces au point central ; on a en effet

$$\cos\lambda_1^0\frac{d\cos\lambda_1}{d\theta}+\cos\mu_1^0\frac{d\cos\mu_1}{d\theta}+\cos\nu_1^0\frac{d\cos\nu_1}{d\theta}=0,$$
$$\cos\lambda_1\frac{d\cos\lambda_1}{d\theta}+\cos\mu_1\frac{d\cos\mu_1}{d\theta}+\cos\nu_1\frac{d\cos\nu_1}{d\theta}=0.$$

Multiplions maintenant les équations (15) par *a*, *b*, *c* et ajoutons, il viendra

$$a\cos\lambda_1^0 + b\cos\mu_1^0 + c\cos\nu_1^0 = \begin{vmatrix} \cos\lambda_1 & \dfrac{d\cos\lambda_1}{d\theta} & a \\ \cos\mu_1 & \dfrac{d\cos\mu_1}{d\theta} & b \\ \cos\nu_1 & \dfrac{d\cos\nu_1}{d\theta} & c \end{vmatrix}$$

$$= \begin{vmatrix} a\cos\lambda + a'\cos\mu + a''\cos\nu, & a\dfrac{d\cos\lambda}{d\theta} + a'\dfrac{d\cos\mu}{d\theta} + a''\dfrac{d\cos\nu}{d\theta}, & a \\ b\cos\lambda + b'\cos\mu + b''\cos\nu, & b\dfrac{d\cos\lambda}{d\theta} + b'\dfrac{d\cos\mu}{d\theta} + b''\dfrac{d\cos\nu}{d\theta}, & b \\ c\cos\lambda + c'\cos\mu + c''\cos\nu, & c\dfrac{d\cos\lambda}{d\theta} + c'\dfrac{d\cos\mu}{d\theta} + c''\dfrac{d\cos\nu}{d\theta}, & c \end{vmatrix}$$

$$= \begin{vmatrix} a & b & c \\ a' & b' & c' \\ a'' & b'' & c'' \end{vmatrix} \begin{vmatrix} \cos\lambda & \cos\mu & \cos\nu \\ \dfrac{d\cos\lambda}{d\theta} & \dfrac{d\cos\mu}{d\theta} & \dfrac{d\cos\nu}{d\theta} \\ K & K_1 & K_2 \end{vmatrix}.$$

Les quantités K, K_1, K_2 vérifient les équations

$$\begin{aligned} aK + a'K_1 + a''K_2 &= a, \\ bK + b'K_1 + b''K_2 &= b, \\ cK + c'K_1 + c''K_2 &= c; \end{aligned}$$

d'où

$$K = 1, \quad K_1 = 0, \quad K_2 = 0;$$

donc

$$a\cos\lambda_1^0 + b\cos\mu_1^0 + c\cos\nu_1^0 = \begin{vmatrix} \cos\lambda & \cos\mu & \cos\nu \\ \dfrac{d\cos\lambda}{d\theta} & \dfrac{d\cos\mu}{d\theta} & \dfrac{d\cos\nu}{d\theta} \\ 1 & 0 & 0 \end{vmatrix}$$

$$= \cos\mu\frac{d\cos\nu}{d\theta} - \cos\nu\frac{d\cos\mu}{d\theta} = \cos\lambda^0.$$

Un calcul analogue à celui que je viens de faire donnera

$$(16)\qquad \begin{cases} \cos\mu^0 = a'\cos\lambda_1^0 + b'\cos\mu_1^0 + c'\cos\nu_1^0, \\ \cos\nu^0 = a''\cos\lambda_1^0 + b''\cos\mu_1^0 + c''\cos\nu_1^0. \end{cases}$$

Posons maintenant

$$\frac{d\cos\lambda}{d\theta} = \cos L^0, \quad \frac{d\cos\lambda_1}{d\theta} = \cos L_1^0,$$
$$\frac{d\cos\mu}{d\theta} = \cos M^0, \quad \frac{d\cos\mu_1}{d\theta} = \cos M_1^0,$$
$$\frac{d\cos\nu}{d\theta} = \cos N^0, \quad \frac{d\cos\nu_1}{d\theta} = \cos N_1^0,$$

les équations (12), (13), (16) se transforment évidemment aux suivantes :

$$(17) \quad \begin{cases} a = \cos\lambda\cos\lambda_1 + \cos L^0 \cos L_1^0 + \cos\lambda^0 \cos\lambda_1^0, \\ b = \cos\lambda\cos\mu_1 + \cos L^0 \cos M_1^0 + \cos\lambda^0 \cos\mu_1^0, \\ c = \cos\lambda\cos\nu_1 + \cos L^0 \cos N_1^0 + \cos\lambda^0 \cos\nu_1^0, \\ a' = \cos\mu\cos\lambda_1 + \cos M^0 \cos L_1^0 + \cos\mu^0 \cos\lambda_1^0, \\ b' = \cos\mu\cos\mu_1 + \cos M^0 \cos M_1^0 + \cos\mu^0 \cos\mu_1^0, \\ c' = \cos\mu\cos\nu_1 + \cos M^0 \cos N_1^0 + \cos\mu^0 \cos\nu_1^0, \\ a'' = \cos\nu\cos\lambda_1 + \cos N^0 \cos L_1^0 + \cos\nu^0 \cos\lambda_1^0, \\ b'' = \cos\nu\cos\mu_1 + \cos N^0 \cos M_1^0 + \cos\nu^0 \cos\mu_1^0, \\ c'' = \cos\nu\cos\nu_1 + \cos N^0 \cos N_1^0 + \cos\nu^0 \cos\nu_1^0. \end{cases}$$

Différentions les trois équations (16), il vient

$$d\cos\lambda^0 = a\, d\cos\lambda_1^0 + b\, d\cos\mu_1^0 + c\, d\cos\nu_1^0 + \cos\lambda_1^0\, da + \cos\mu_1^0\, db + \cos\nu_1^0\, dc,$$
$$d\cos\mu^0 = a'\, d\cos\lambda_1^0 + b'\, d\cos\mu_1^0 + c'\, d\cos\nu_1^0 + \cos\lambda_1^0\, da' + \cos\mu_1^0\, db' + \cos\nu_1^0\, dc',$$
$$d\cos\nu^0 = a''\, d\cos\lambda_1^0 + b''\, d\cos\mu_1^0 + c''\, d\cos\nu_1^0 + \cos\lambda_1^0\, da'' + \cos\mu_1^0\, db'' + \cos\nu_1^0\, dc''.$$

Multipliant par a, a', a'', et ajoutant, il vient

$$a\,d\cos\lambda^0 + a'\,d\cos\mu^0 + a''\,d\cos\nu^0 = \begin{cases} d\cos\lambda_1^0 + (r\cos\mu_1^0 - q\cos\nu_1^0)\,d\theta, \\ d\cos\lambda_1^0 + (\cos\mu_1^0\cos\nu_1 - \cos\nu_1^0\cos\mu_1)\,\Omega\,d\theta, \\ d\cos\lambda_1^0 \pm \Omega\, d\cos\lambda_1. \end{cases}$$

On aura encore deux équations que voici :

$$b\,d\cos\lambda^0 + b'\,d\cos\mu^0 + b''\,d\cos\nu^0 = d\cos\mu_1^0 \pm \Omega\, d\cos\mu_1,$$
$$c\,d\cos\lambda^0 + c'\,d\cos\mu^0 + c''\,d\cos\nu^0 = d\cos\nu_1^0 \pm \Omega\, d\cos\nu_1;$$

élevant au carré ces équations et ajoutant, on trouve

$$(d\theta^0)^2 = (d\theta_1^0)^2 + (\Omega\, d\theta)^2 \pm 2\Omega\,(d\cos\mu_1^0\, d\cos\mu_1 + d\cos\lambda_1^0\, d\cos\lambda_1 + d\cos\nu_1^0\, d\cos\nu_1).$$

Nous avons posé

$$(d\cos\lambda^0)^2 + (d\cos\mu^0)^2 + (d\cos\nu^0)^2 = (d\theta^0)^2,$$
$$(d\cos\lambda_1^0)^2 + (d\cos\mu_1^0)^2 + (d\cos\nu_1^0)^2 = (d\theta_1^0)^2.$$

On comprend que $d\theta_1^0$, $d\theta^0$ représentent les angles des génératrices voisines des deux surfaces réciproques de (Σ_m) et (Σ_f).

Mais nous avons démontré dans le Mémoire précédent que

$$d\cos\lambda_1^0\, d\cos\lambda_1 + d\cos\mu_1^0\, d\cos\mu_1 + d\cos\nu_1^0\, d\cos\nu_1 = d\theta_1^0\, d\theta^0,$$

donc

(18) $$\Omega = \frac{d\theta^0}{d\theta} \pm \frac{d\theta_1^0}{d\theta}:$$

c'est l'équation que je devais établir.

J'observe que Ω n'entre dans la question que comme une constante arbitraire; en effet,

$$d\Omega = 0$$

équivaut à

$$pdp + pdq + rdr = 0,$$

et cette relation exprime que l'axe instantané est à chaque instant perpendiculaire à la normale au point central de la surface (Σ_m); par conséquent, elle ne peut pas être considérée comme une condition distincte. L'équation (18) nous sera fort utile dans la suite. Elle exprime qu'il est possible de choisir à volonté le cône directeur de la surface déformée (Bour).

Je passe aux éléments $p, q, r, \ldots, a, b, c, \ldots$.

Je différentie les équations (7) : il vient

(19) $$\left\{\begin{aligned}
&a\frac{d^2b}{d\theta^2} + a'\frac{d^2b'}{d\theta^2} + a''\frac{d^2b''}{d\theta^2} + \frac{db\,da}{d\theta^2} + \frac{db'\,da'}{d\theta^2} + \frac{db''\,da''}{d\theta^2} = \frac{dr}{d\theta},\\
&b\frac{d^2c}{d\theta^2} + b'\frac{d^2c'}{d\theta^2} + b''\frac{d^2c''}{d\theta^2} + \frac{db\,dc}{d\theta^2} + \frac{db'\,dc'}{d\theta^2} + \frac{db''\,dc''}{d\theta^2} = \frac{dp}{d\theta},\\
&c\frac{d^2a}{d\theta^2} + c'\frac{d^2a'}{d\theta^2} + c''\frac{d^2a''}{d\theta^2} + \frac{da\,dc}{d\theta^2} + \frac{da'\,dc'}{d\theta^2} + \frac{da''\,dc''}{d\theta^2} = \frac{dq}{d\theta},\\
&a\frac{d^2a}{d\theta^2} + a'\frac{d^2a'}{d\theta^2} + a''\frac{d^2a''}{d\theta^2} + \frac{da^2}{d\theta^2} + \frac{da'^2}{d\theta^2} + \frac{da''^2}{d\theta^2} = 0,\\
&b\frac{d^2b}{d\theta^2} + b'\frac{d^2b'}{d\theta^2} + b''\frac{d^2b''}{d\theta^2} + \frac{db^2}{d\theta^2} + \frac{db'^2}{d\theta^2} + \frac{db''^2}{d\theta^2} = 0,\\
&c\frac{d^2c}{d\theta^2} + c'\frac{d^2c'}{d\theta^2} + c''\frac{d^2c''}{d\theta^2} + \frac{dc^2}{d\theta^2} + \frac{dc'^2}{d\theta^2} + \frac{dc''^2}{d\theta^2} = 0.
\end{aligned}\right.$$

Je dis maintenant que

$$(20)\qquad \begin{vmatrix} a & a' & a'' \\ b & b' & b'' \\ \frac{dc}{d\theta} & \frac{dc'}{d\theta} & \frac{dc''}{d\theta} \end{vmatrix} = 0;$$

en effet,

$$\begin{vmatrix} a & a' & a'' \\ b & b' & b'' \\ \frac{dc}{d\theta} & \frac{dc'}{d\theta} & \frac{dc''}{d\theta} \end{vmatrix} \begin{vmatrix} a & a' & a'' \\ b & b' & b'' \\ c & c' & c'' \end{vmatrix} = \begin{vmatrix} 1 & 0 & 0 \\ 0 & 1 & 0 \\ -q & p & 0 \end{vmatrix} = 0.$$

Mais en élevant au carré ce déterminant, on obtient

$$\begin{vmatrix} a & a' & a'' \\ b & b' & b'' \\ \frac{dc}{d\theta} & \frac{dc'}{d\theta} & \frac{dc''}{d\theta} \end{vmatrix}^2 = \begin{vmatrix} 1 & 0 & -q \\ 0 & 1 & p \\ -q & p & \Sigma\frac{dc^2}{d\theta^2} \end{vmatrix} = p^2+q^2-\Sigma\frac{dc^2}{d\theta^2} = 0,$$

d'où

$$\frac{dc^2}{d\theta^2}+\frac{dc'^2}{d\theta^2}+\frac{dc''^2}{d\theta^2}=p^2+q^2,$$

et de même

$$(21)\qquad \left\{\begin{aligned} &\frac{da^2}{d\theta^2}+\frac{da'^2}{d\theta^2}+\frac{da''^2}{d\theta^2}=q^2+r^2,\\ &\frac{db^2}{d\theta^2}+\frac{db'^2}{d\theta^2}+\frac{db''^2}{d\theta^2}=p^2+r^2. \end{aligned}\right.$$

De ces trois relations on peut tirer la formule bien connue

$$\Omega^2=\frac{1}{2}\,\frac{da^2+da'^2+da''^2+db^2+db'^2+db''^2+dc^2+dc'^2+dc''^2}{d\theta^2}.$$

Les trois relations

$$(22)\qquad \begin{vmatrix} c & c' & c'' \\ \frac{da}{d\theta} & \frac{da'}{d\theta} & \frac{da''}{d\theta} \\ \frac{db}{d\theta} & \frac{db'}{d\theta} & \frac{db''}{d\theta} \end{vmatrix} = r^2,\quad \begin{vmatrix} a & a' & a'' \\ \frac{db}{d\theta} & \frac{db'}{d\theta} & \frac{db''}{d\theta} \\ \frac{dc}{d\theta} & \frac{dc'}{d\theta} & \frac{dc''}{d\theta} \end{vmatrix} = p^2,\quad \begin{vmatrix} b & b' & b'' \\ \frac{dc}{d\theta} & \frac{dc'}{d\theta} & \frac{dc''}{d\theta} \\ \frac{da}{d\theta} & \frac{da'}{d\theta} & \frac{da''}{d\theta} \end{vmatrix} = q^2$$

se démontrent sans difficulté; en effet,

$$\begin{vmatrix} a & a' & a'' \\ b & b' & b'' \\ c & c' & c'' \end{vmatrix} \begin{vmatrix} a & a' & a'' \\ \frac{db}{d\theta} & \frac{db'}{d\theta} & \frac{db''}{d\lambda} \\ \frac{dc}{d\theta} & \frac{dc'}{d\theta} & \frac{dc''}{d\theta} \end{vmatrix} = \begin{vmatrix} 1 & r & -q \\ 0 & 0 & p \\ 0 & -p & 0 \end{vmatrix} = p^2.$$

Multiplions ces relations deux à deux : il vient, en développant les déterminants produits,

$$(23)\quad \left\{ \begin{aligned} &\frac{da}{d\theta}\frac{db}{d\theta} + \frac{da'}{d\theta}\frac{db'}{d\theta} + \frac{da''}{d\theta}\frac{db''}{d\theta} = -pq, \\ &\frac{db}{d\theta}\frac{dc}{d\theta} + \frac{db'}{d\theta}\frac{dc'}{d\theta} + \frac{db''}{d\theta}\frac{dc''}{d\theta} = -qr, \\ &\frac{dc}{d\theta}\frac{da}{d\theta} + \frac{dc'}{d\theta}\frac{da'}{d\theta} + \frac{dc''}{d\theta}\frac{da''}{d\theta} = -rp. \end{aligned} \right.$$

Avec ces éléments nous pouvons calculer le déterminant

$$(24)\quad Q = \begin{vmatrix} \frac{d^2a}{d\theta^2} & \frac{d^2a'}{d\theta^2} & \frac{d^2a''}{d\theta^2} \\ \frac{d^2b}{d\theta^2} & \frac{d^2b'}{d\theta^2} & \frac{d^2b''}{d\theta^2} \\ \frac{d^2c}{d\theta^2} & \frac{d^2c'}{d\theta^2} & \frac{d^2c''}{d\theta^2} \end{vmatrix}.$$

J'observe d'abord que les équations (19) peuvent s'écrire ainsi :

$$(25)\quad \left\{ \begin{aligned} &b\frac{d^2a}{d\theta^2} + b'\frac{d^2a'}{d\theta^2} + b''\frac{d^2a''}{d\theta^2} + \frac{db}{d\theta}\frac{da}{d\theta} + \frac{db'}{d\theta}\frac{da'}{d\theta} + \frac{db''}{d\theta}\frac{da''}{d\theta} = -\frac{dr}{d\theta}, \\ &c\frac{d^2b}{d\theta^2} + c'\frac{d^2b'}{d\theta^2} + c''\frac{d^2b''}{d\theta} + \frac{dc}{d\theta}\frac{db}{d\theta} + \frac{dc'}{d\theta}\frac{db'}{d\theta} + \frac{dc''}{d\theta}\frac{db''}{d\theta} = -\frac{dp}{d\theta}, \\ &a\frac{d^2b}{d\theta^2} + a'\frac{d^2b'}{d\theta^2} + a''\frac{d^2b''}{d\theta^2} + \frac{da}{d\theta}\frac{db}{d\theta} + \frac{da'}{d\theta}\frac{db'}{d\theta} + \frac{da''}{d\theta}\frac{db''}{d\theta} = -\frac{dq}{d\theta}. \end{aligned} \right.$$

Le déterminant (5), élevé au carré, donne identiquement

$$(26)\quad \begin{vmatrix} q^2+r^2 & -pq & -rp \\ -pq & p^2+r^2 & -rq \\ -rp & -rq & p^2+q^2 \end{vmatrix} = 0.$$

Enfin on a

$$Q = \begin{vmatrix} a & a' & a'' \\ b & b' & b'' \\ c & c' & c'' \end{vmatrix} \begin{vmatrix} \frac{d^2a}{d\theta^2} & \frac{d^2a'}{d\theta^2} & \frac{d^2a''}{d\theta^2} \\ \frac{d^2b}{d\theta^2} & \frac{d^2b'}{d\theta^2} & \frac{d^2b''}{d\theta^2} \\ \frac{d^2c}{d\theta^2} & \frac{d^2c'}{d\theta^2} & \frac{d^2c''}{d\theta^2} \end{vmatrix} = \begin{vmatrix} -q^2-r^2 & pq+\frac{dr}{d\theta} & rp-\frac{dq}{d\theta} \\ pq-\frac{dr}{d\theta} & -p^2-r^2 & qr+\frac{dp}{d\theta} \\ rp+\frac{dq}{d\theta} & qr-\frac{dp}{d\theta} & -p^2-q^2 \end{vmatrix}$$

$$= -(q^2+r^2)(r^2+p^2)(p^2+q^2) + (q^2+r^2)\left(q^2r^2+\frac{dp^2}{d\theta^2}\right)$$

$$+(p^2+q^2)\left(p^2q^2-\frac{dr^2}{d\theta^2}\right)+(p^2+r^2)\left(r^2p^2-\frac{dq^2}{d\theta^2}\right)$$

$$+\left(\frac{dr}{d\theta}+pq\right)\left(\frac{dp}{d\theta}+qr\right)\left(\frac{dq}{d\theta}+pr\right)+\left(pq-\frac{dr}{d\theta}\right)\left(qr-\frac{dp}{d\theta}\right)\left(rp-\frac{dq}{d\theta}\right).$$

Mais, en développant le déterminant (26), on trouve

$$(q^2+r^2)(r^2+p^2)(p^2+q^2) - r^2p^2(p^2+r^2) - p^2q^2(p^2+q^2) - q^2r^2(q^2+r^2) - 2p^2q^2r^2 = 0.$$

Ajoutant cette expression à la précédente, développant les produits des trois facteurs qui restent et simplifiant, il vient

$$Q = -(q^2+r^2)\frac{dp^2}{d\theta^2} - (p^2+q^2)\frac{dr^2}{d\theta^2} - (p^2+r^2)\frac{dq^2}{d\theta^2}$$

$$+2qr\frac{dq}{d\theta}\frac{dr}{d\theta} + 2rp\frac{dr}{d\theta}\frac{dp}{d\theta} + pq\frac{dp}{d\theta}\frac{dq}{d\theta}$$

$$= -\Omega^2\left(\frac{dp^2}{d\theta^2}+\frac{dq^2}{d\theta^2}+\frac{dr^2}{d\theta^2}\right)+\left(p\frac{dp}{d\theta}+q\frac{dq}{d\theta}+r\frac{dr}{d\theta}\right)^2.$$

Or, on a

$$\cos\lambda_1 = \frac{p}{\Omega}, \quad \cos\mu_1 = \frac{p}{\Omega}, \quad \cos\nu_1 = \frac{r}{\Omega}.$$

Différentiant, il vient

$$\frac{d\cos\lambda_1}{d\theta} = \frac{1}{\Omega}\frac{dp}{d\theta} - \frac{p}{\Omega^2}\frac{d\Omega}{d\theta},$$

$$\frac{d\cos\mu_1}{d\theta} = \frac{1}{\Omega}\frac{dq}{d\theta} - \frac{q}{\Omega^2}\frac{d\Omega}{d\theta},$$

$$\frac{d\cos\nu_1}{d\theta} = \frac{1}{\Omega}\frac{dr}{d\theta} - \frac{r}{\Omega^2}\frac{d\Omega}{d\theta}.$$

Élevons au carré ces équations et sommons :

$$-\frac{dp^2}{d\theta^2}-\frac{dq^2}{d\theta^2}-\frac{dr^2}{d\theta^2}=-\Omega^2-\frac{d\Omega^2}{d\theta^2}.$$

On a aussi

$$\Omega\frac{d\Omega}{d\theta}=p\frac{dp}{d\theta}+q\frac{dq}{d\theta}+r\frac{dr}{d\theta}.$$

Remplaçant dans l'équation précédente, on trouve définitivement

$$Q=-\Omega^4. \tag{27}$$

Il est bon d'observer que si la variable indépendante était quelconque dt, on aurait

$$Q_1=-\Omega^4\frac{d\theta^6}{dt^6}, \tag{28}$$

Q_1 étant le résultat qu'on obtiendrait en remplaçant dans Q, au lieu de $d\theta$, dt.

Je donnerai encore les éléments nécessaires pour évaluer le déterminant

$$K=\begin{vmatrix}\frac{d^3a}{d\theta^3} & \frac{d^3a'}{d\theta^3} & \frac{d^3a''}{d\theta^3}\\ \frac{d^3b}{d\theta^3} & \frac{d^3b'}{d\theta^3} & \frac{d^3b''}{d\theta^3}\\ \frac{d^3c}{d\theta^3} & \frac{d^3c'}{d\theta^3} & \frac{d^3c''}{d\theta^3}\end{vmatrix}. \tag{29}$$

La seconde (21) et la quatrième (19), différentiées, donnent

$$\frac{da}{d\theta}\frac{d^2a}{d\theta^2}+\frac{da'}{d\theta}\frac{d^2a'}{d\theta^2}+\frac{da''}{d\theta}\frac{d^2a''}{d\theta^2}=q\frac{dq}{d\theta}+r\frac{dr}{d\theta},$$

$$a\frac{d^3a}{d\theta^3}+a'\frac{d^3a'}{d\theta^3}+a''\frac{d^3a''}{d\theta^3}=-3\left(\frac{da}{d\theta}\frac{d^2a}{d\theta^2}+\frac{da'}{d\theta}\frac{d^2a'}{d\theta^2}+\frac{da''}{d\theta}\frac{d^2a''}{d\theta^2}\right).$$

De ces deux équations, je tire

$$a\frac{d^3a}{d\theta^3}+a'\frac{d^3a'}{d\theta^3}+a''\frac{d^3a''}{d\theta^3}=-3\left(q\frac{dq}{d\theta}+r\frac{dr}{d\theta}\right),$$

et de même

$$\left\{\begin{array}{l} b\frac{d^3b}{d\theta^3}+b'\frac{d^3b'}{d\theta^3}+b''\frac{d^3b''}{d\theta^3}=-3\left(p\frac{dp}{d\theta}+r\frac{dr}{d\theta}\right),\\ c\frac{d^3c}{d\theta^3}+c'\frac{d^3c'}{d\theta^3}+c''\frac{d^3c''}{d\theta^3}=-3\left(q\frac{dq}{d\theta}+p\frac{dp}{d\theta}\right).\end{array}\right. \tag{30}$$

D'après ce qui précède, on a

$$\begin{vmatrix} a & a' & a'' \\ c & c' & c'' \\ \frac{db}{d\theta} & \frac{db'}{d\theta} & \frac{db''}{d\theta} \end{vmatrix} \begin{vmatrix} a & a' & a'' \\ \frac{db}{d\theta} & \frac{db'}{d\theta} & \frac{db''}{d\theta} \\ \frac{d^2c}{d\theta^2} & \frac{d^2c'}{d\theta^2} & \frac{d^2c''}{d\theta^2} \end{vmatrix} = 0.$$

Effectuant la multiplication et développant, on trouve

$$\begin{vmatrix} 1 & r & pr - \frac{dq}{d\theta} \\ 0 & -p & -q^2 - p^2 \\ r & p^2 + r^2 & \Sigma \frac{db}{d\theta}\frac{d^2c}{d\theta^2} \end{vmatrix}$$

$$= -p\left(\frac{db}{d\theta}\frac{d^2c}{d\theta^2} + \frac{db'}{d\theta}\frac{d^2c'}{d\theta^2} + \frac{db''}{d\theta}\frac{d^2c''}{d\theta^2}\right) + p^2q^2 + p^4 + r^2p^2 + r^2q^2 - r^2q^2 - r^2p^2$$
$$+ r^2p^2 - rp\frac{dq}{d\theta} = 0;$$

d'où

$$\frac{db}{d\theta}\frac{d^2c}{d\theta^2} + \frac{db'}{d\theta}\frac{d^2c'}{d\theta^2} + \frac{db''}{d\theta}\frac{d^2c''}{d\theta^2} = p\Omega^2 - r\frac{dq}{d\theta}.$$

Un calcul analogue donnera

$$(31)\quad \left\{\begin{aligned}
&\frac{dc}{d\theta}\frac{d^2a}{d\theta^2} + \frac{dc'}{d\theta}\frac{d^2a'}{d\theta^2} + \frac{dc''}{d\theta}\frac{d^2a''}{d\theta^2} = q\Omega^2 - p\frac{dr}{d\theta},\\
&\frac{da}{d\theta}\frac{d^2b}{d\theta^2} + \frac{da'}{d\theta}\frac{d^2b'}{d\theta^2} + \frac{da''}{d\theta}\frac{d^2b''}{d\theta^2} = r\Omega^2 - q\frac{dp}{d\theta},\\
&\frac{dc}{d\theta}\frac{d^2b}{d\theta^2} + \frac{dc'}{d\theta}\frac{d^2b'}{d\theta^2} + \frac{dc''}{d\theta}\frac{d^2b''}{d\theta^2} = -p\Omega^2 - q\frac{dr}{d\theta},\\
&\frac{da}{d\theta}\frac{d^2c}{d\theta^2} + \frac{da'}{d\theta}\frac{d^2c'}{d\theta^2} + \frac{da''}{d\theta}\frac{d^2c''}{d\theta^2} = -q\Omega^2 - r\frac{dp}{d\theta}.\\
&\frac{db}{d\theta}\frac{d^2a}{d\theta^2} + \frac{db'}{d\theta}\frac{d^2a'}{d\theta^2} + \frac{db''}{d\theta}\frac{d^2a''}{d\theta^2} = -r\Omega^2 - p\frac{dq}{d\theta}.
\end{aligned}\right.$$

La première (19), différentiée, donne

$$a\frac{d^3b}{d\theta^3} + a'\frac{d^3b'}{d\theta^3} + a''\frac{d^3b''}{d\theta^3} + 2\left(\frac{da}{d\theta}\frac{d^2b}{d\theta^2} + \frac{da'}{d\theta}\frac{d^2b'}{d\theta^2} + \frac{da''}{d\theta}\frac{d^2b''}{d\theta^2}\right)$$
$$+ \frac{db}{d\theta}\frac{d^2a}{d\theta^2} + \frac{db'}{d\theta}\frac{d^2a'}{d\theta^2} + \frac{db''}{d\theta}\frac{d^2a''}{d\theta^2} = \frac{d^2r}{d\theta^2},$$

et, d'après les équations qui précèdent,

$$a\frac{d^3b}{d\theta^3}+a'\frac{d^3b'}{d\theta^3}+b''\frac{d^3b''}{d\theta^3}=\frac{d^2r}{d\theta^2}-r\Omega^2+2q\frac{dp}{d\theta}+p\frac{dq}{d\theta}.$$

On aura de même

$$(32)\quad\left\{\begin{aligned}
&b\frac{d^3c}{d\theta^3}+b'\frac{d^3c'}{d\theta^3}+b''\frac{d^3c''}{d\theta^3}=\frac{d^2p}{d\theta^2}-p\Omega^2+2r\frac{dq}{d\theta}+q\frac{dr}{d\theta},\\
&c\frac{d^3a}{d\theta^3}+c'\frac{d^3a'}{d\theta^3}+c''\frac{d^3a''}{d\theta^3}=\frac{d^2q}{d\theta^2}-q\Omega^2+2p\frac{dr}{d\theta}+r\frac{dp}{d\theta},\\
&a\frac{d^3c}{d\theta^3}+a'\frac{d^3c'}{d\theta^3}+a''\frac{d^3c''}{d\theta^3}=-\frac{d^2q}{d\theta^2}+q\Omega^2+2r\frac{dp}{d\theta}+p\frac{dr}{d\theta},\\
&b\frac{d^3a}{d\theta^3}+b'\frac{d^3a'}{d\theta^3}+b''\frac{d^3a''}{d\theta^3}=-\frac{d^2r}{d\theta^2}+r\Omega^2+2p\frac{dq}{d\theta}+q\frac{dp}{d\theta},\\
&c\frac{d^3b}{d\theta^3}+c'\frac{d^3b'}{d\theta^3}+c''\frac{d^3b''}{d\theta^3}=-\frac{d^2p}{d\theta^2}+p\Omega^2+2q\frac{dr}{d\theta}+r\frac{dq}{d\theta}.
\end{aligned}\right.$$

Si l'on multiplie maintenant le déterminant (K) avec

$$\begin{vmatrix} a & a' & a'' \\ b & b' & b'' \\ c & c' & c'' \end{vmatrix}=\pm 1,$$

les éléments du déterminant produit seront les premiers membres des équations précédentes; en le développant, on déterminera sa valeur.

Il y a encore trois équations qui me seront nécessaires plus tard. Pour cela, je multiplie les trois équations (12) par $\frac{da}{d\theta}$, $\frac{db}{d\theta}$, $\frac{dc}{d\theta}$, et j'ajoute; le second membre s'annule évidemment, et l'on aura l'une des trois équations suivantes :

$$(33)\quad\left\{\begin{aligned}
&\cos\lambda_1\frac{da}{d\theta}+\cos\mu_1\frac{db}{d\theta}+\cos\nu_1\frac{dc}{d\theta}=0,\\
&\cos\lambda_1\frac{da'}{d\theta}+\cos\mu_1\frac{db'}{d\theta}+\cos\nu_1\frac{dc'}{d\theta}=0,\\
&\cos\lambda_1\frac{da''}{d\theta}+\cos\mu_1\frac{db''}{d\theta}+\cos\nu_1\frac{dc''}{d\theta}=0.
\end{aligned}\right.$$

IV.

Je passe maintenant aux surfaces (Σ_f), (Σ_m), et d'abord je dis qu'elles se touchent à chaque instant tout le long de la génératrice commune.

Pour le démontrer, je prends sur cette génératrice un point

$$[(XYZ)(X_1Y_1Z_1)],$$

et à partir de ce point deux arcs ds, ds_1, se trouvant respectivement sur les surfaces en question, et faisant des angles φ, φ_1, avec la génératrice commune. Ceci étant fait, l'équation

$$(34)\quad \left\{ \begin{array}{l} (R\cos\alpha_1 + y_1\cos\nu_1 - z_1\cos\mu_1)\,dX_1 + (R\cos\beta_1 + z_1\cos\lambda_1 - x_1\cos\nu_1)\,dY_1 \\ \qquad + (R\cos\gamma_1 + x_1\cos\mu_1 - y_1\cos\lambda_1)\,dZ_1 = 0 \end{array} \right.$$

représente le plan tangent à la surface (Σ_m) au point $(X_1 Y_1 Z_1)$, c'est-à-dire à un point quelconque de la génératrice. L'équation du plan tangent à la surface (Σ_f) sera aussi

$$(35)\quad \left\{ \begin{array}{l} \quad [R\cos\alpha + (\eta - y)\cos\nu - (\zeta - z)\cos\mu]\,dX \\ + [R\cos\beta + (\zeta - z)\cos\lambda - (\xi - x)\cos\nu]\,dY \\ + [R\cos\gamma + (\xi - x)\cos\mu - (\eta - y)\cos\lambda]\,dZ = 0. \end{array} \right.$$

Différentions maintenant les équations (Σ_f), (Σ_m) : il vient

$$(36)\quad \left\{ \begin{array}{l} dR\cos\alpha_1 + Y_1 d\cos\nu_1 - Z_1 d\cos\mu_1 = \cos\mu_1 dZ_1 - \cos\nu_1 dY_1, \\ dR\cos\beta_1 + Z_1 d\cos\lambda_1 - X_1 d\cos\nu_1 = \cos\nu_1 dX_1 - \cos\lambda_1 dZ_1, \\ dR\cos\gamma_1 + X_1 d\cos\mu_1 - Y_1 d\cos\lambda_1 = \cos\lambda_1 dY_1 - \cos\mu_1 dX_1, \\ dR\cos\alpha - \cos\nu d\eta + \cos\mu d\zeta - (\eta - Y)d\cos\nu + (\zeta - Z)d\cos\mu = \cos\mu dZ - \cos\nu dY, \\ dR\cos\beta - \cos\lambda d\zeta + \cos\nu d\xi - (\zeta - Z)d\cos\lambda + (\xi - X)d\cos\nu = \cos\nu dX - \cos\lambda dZ, \\ dR\cos\gamma - \cos\mu d\xi + \cos\lambda d\eta - (\xi + X)d\cos\mu + (\eta - Y)d\cos\lambda = \cos\lambda dY - \cos\mu dX. \end{array} \right.$$

Posons

$$T = a(\cos\mu_1 dZ_1 - \cos\nu_1 dY_1) + b(\cos\nu_1 dX_1 - \cos\lambda_1 dZ_1) + c(\cos\lambda_1 dY_1 - \cos\mu_1 dX_1),$$
$$T_1 = a(Y_1 d\cos\nu_1 - Z_1 d\cos\mu_1) + b(Z_1 d\cos\lambda_1 - X_1 d\cos\nu_1) + c(X_1 d\cos\mu_1 - Y_1 d\cos\lambda_1),$$
$$T_2 = a\,dR\cos\alpha_1 + b\,dR\cos\beta_1 + c\,dR\cos\gamma_1.$$

En multipliant les trois premières (36) par a, b, c successivement et ajoutant, on aura, d'après les notations précédentes,

$$T = T_1 + T_2.$$

Les expressions de T, T_1, T_2 se transforment comme il suit :

$$T = \begin{vmatrix} a & \cos\lambda_1 & dX_1 \\ b & \cos\mu_1 & dY_1 \\ c & \cos\nu_1 & dZ_1 \end{vmatrix} = \begin{vmatrix} a & a\cos\lambda + a'\cos\mu + a''\cos\nu & dX_1 \\ b & b\cos\lambda + b'\cos\mu + b''\cos\nu & dY_1 \\ c & c\cos\lambda + c'\cos\mu + c''\cos\nu & dZ_1 \end{vmatrix}$$

$$= \begin{vmatrix} a & a' & a'' \\ b & b' & b'' \\ c & c' & c'' \end{vmatrix} \begin{vmatrix} k & k_1 & k_2 \\ \cos\lambda & \cos\mu & \cos\nu \\ l & l_1 & l_2 \end{vmatrix}.$$

Les valeurs de $k, \ldots, l, l_1, \ldots$, sont déterminées par les équations

$$\begin{aligned} al + a'l_1 + a''l_2 &= dX_1, \\ bl + b'l_1 + b''l_2 &= dY_1, \\ cl + c'l_1 + c''l_2 &= dZ_1; \end{aligned}$$

$$\begin{aligned} ak + a'k_1 + a''k_2 &= a, \\ bk + b'k_1 + b''k_2 &= b, \\ ck + c'k_1 + c''k_2 &= c; \end{aligned}$$

on en tire

$$\begin{aligned} l &= a\,dX_1 + b\,dY_1 + c\,dZ_1, & k &= 1, \\ l_1 &= a'\,dX_1 + b'\,dY_1 + c'\,dZ_1, & k_1 &= 0, \\ l_2 &= a''\,dX_1 + b''\,dY_1 + c''\,dZ_1, & k_2 &= 0; \end{aligned}$$

donc

$$T = \begin{vmatrix} 1 & 0 & 0 \\ \cos\lambda & \cos\mu & \cos\nu \\ l & l_1 & l_2 \end{vmatrix} = \begin{vmatrix} \cos\mu & \cos\lambda \\ l_1 & l_2 \end{vmatrix}$$

$$= \cos\mu\,(a''\,dX_1 + b''\,dY_1 + c''\,dZ_1) - \cos\nu\,(a'\,dX_1 + b'\,dY_1 + c'\,dZ_1).$$

Un calcul analogue à celui que nous venons de faire donnera

$$T_1 = (y - \eta)\,d\cos\nu - (z - \zeta)\,d\cos\mu.$$

Il me reste à transformer la somme

$$T_2 = ad\mathrm{R}\cos\alpha_1 + bd\mathrm{R}\cos\beta_1 + cd\mathrm{R}\cos\gamma_1.$$

Pour cela, je différentie les équations

$$\begin{aligned} \mathrm{R}\cos\alpha &= \mathrm{R}(a\cos\alpha_1 + b\cos\beta_1 + c\cos\gamma_1), \\ \mathrm{R}\cos\beta &= \mathrm{R}(a'\cos\alpha_1 + b'\cos\beta_1 + c'\cos\gamma_1), \\ \mathrm{R}\cos\gamma &= \mathrm{R}(a''\cos\alpha_1 + b''\cos\beta_1 + c''\cos\gamma_1); \end{aligned}$$

il vient

$$dR\cos\alpha = a\,dR\cos\alpha_1 + b\,dR\cos\beta_1 + c\,dR\cos\gamma_1 + R\cos\alpha_1\,da + R\cos\beta_1\,db + R\cos\gamma_1\,dc,$$

$$dR\cos\beta = a'\,dR\cos\alpha_1 + b'\,dR\cos\beta_1 + c'\,dR\cos\gamma_1 + R\cos\alpha_1\,da' + R\cos\beta_1\,db' + R\cos\gamma_1\,dc',$$

$$dR\cos\gamma = a''dR\cos\alpha_1 + b''dR\cos\beta_1 + c''dR\cos\gamma_1 + R\cos\alpha_1\,da'' + R\cos\beta_1\,db'' + R\cos\gamma_1\,dc''.$$

Multipliant respectivement par a, a', a'' et ajoutant,

$$\begin{aligned} &a\,dR\cos\alpha + a'dR\cos\beta + a''dR\cos\gamma \\ &= dR\cos\alpha_1 + R\cos\beta_1(a\,db + a'db' + a''db'') + R\cos\gamma_1(a\,dc + a'dc' + a''dc'') \\ &= dR\cos\alpha_1 + (\cos\beta_1\cos\nu_1 - \cos\gamma_1\cos\mu_1)R\Omega\,d\theta, \end{aligned}$$

et de même

$$b\,dR\cos\alpha + b'dR\cos\beta + b''dR\cos\gamma = dR\cos\beta_1 + (\cos\gamma_1\cos\lambda_1 - \cos\alpha_1\cos\nu_1)R\Omega\,d\theta,$$
$$c\,dR\cos\alpha + c'dR\cos\beta + c''dR\cos\gamma = dR\cos\gamma_1 + (\cos\alpha_1\cos\mu_1 - \cos\beta_1\cos\lambda_1)R\Omega\,d\theta.$$

Multipliant les trois dernières par a, b, c et ajoutant, on trouvera, par un artifice que nous avons fait plusieurs fois,

$$T_2 = a\,dR\cos\alpha_1 + b\,dR\cos\beta_1 + c\,dR\cos\gamma_1 = dR\cos\alpha - (\cos\beta\cos\nu - \cos\gamma\cos\mu)\Omega R\,d\theta.$$

Assemblons tous les termes que nous venons de trouver, il vient

$$\begin{aligned} &dR\cos\alpha - (\cos\beta\cos\nu - \cos\gamma\cos\mu)R\Omega\,d\theta + (y - \eta)\,d\cos\nu - (z - \zeta)\,d\cos\mu \\ &= \cos\mu(a''dX_1 + b''dY_1 + c''dZ_1) - \cos\nu(a'dX_1 + b'dY_1 + c'dZ_1). \end{aligned}$$

Or on a

$$d\eta = R\Omega\cos\beta\,d\theta, \quad d\zeta = R\Omega\cos\gamma\,d\theta,$$

donc

$$\cos\nu\,d\eta - \cos\mu\,d\zeta = (\cos\nu\cos\beta - \cos\mu\cos\gamma)R\Omega\,d\theta,$$

et l'équation ci-dessus se met sous la forme

$$\begin{aligned} &dR\cos\alpha - \cos\nu\,d\eta + \cos\mu\,d\zeta + (\eta - y)\,d\cos\nu - (\zeta - z)\,d\cos\mu \\ &= \cos\mu(a''dX_1 + b''dY_1 + c''dZ_1) - \cos\nu(a'dX_1 + b'dY_1 + c'dZ_1). \end{aligned}$$

On aura également

$$dR\cos\beta - \cos\lambda d\zeta + \cos\nu d\xi + (\zeta - z)\,d\cos\lambda - (\xi - x)\,d\cos\nu$$
$$= \cos\nu(adX_1 + bdY_1 + cdZ_1) - \cos\lambda(a''dX_1 + b''dY_1 + c''dZ_1),$$
$$dR\cos\gamma - \cos\mu d\xi - \cos\lambda d\eta + (\xi - x)\,d\cos\lambda - (\eta - y)\,d\cos\lambda$$
$$= \cos\lambda(a'dX_1 + b'dY_1 + c'dZ_1) - \cos\mu(adX_1 + bdY_1 + cdZ_1).$$

De ces trois équations et des équations (Σ_f), je tire les trois suivantes :

$$(38)\begin{cases} \cos\nu dY - \cos\mu dZ = \cos\nu(a'dX_1 + b'dY_1 + c'dZ_1) - \cos\mu(a''dX_1 + b''dY_1 + c''dZ_1), \\ \cos\lambda dZ - \cos\nu dX = \cos\lambda(a''dX_1 + b''dY_1 + c''dZ_1) - \cos\nu(adX_1 + bdY_1 + cdZ_1), \\ \cos\mu dX - \cos\lambda dY = \cos\mu(adX_1 + bdY_1 + cdZ_1) - \cos\lambda(a'dX_1 + b'dY_1 + c'dZ_1) ; \end{cases}$$

elles prouvent que les deux équations (34) et (35) ne représentent qu'un plan, et que, par conséquent, les deux surfaces (Σ_f) et (Σ_m) se touchent à chaque instant tout le long de la génératrice commune.

Désignant par L, M, N, L_1, M_1, N_1, les cosinus des angles que font les normales aux surfaces (Σ_f) et (Σ_m) au point considéré, avec les axes respectifs, on aura

$$(39)\begin{cases} ds\sin\varphi\cos L = \cos\nu dY - \cos\mu dZ, \\ ds\sin\varphi\cos M = \cos\lambda dZ - \cos\nu dX, \\ ds\sin\varphi\cos N = \cos\mu dX - \cos\lambda dY, \\ ds_1\sin\varphi_1\cos L = \cos\nu(a'dX_1 + b'dY_1 + c'dZ_1) - \cos\mu(a''dX_1 + b''dY_1 + c''dZ_1), \\ ds_1\sin\varphi_1\cos M = \cos\lambda(a''dX_1 + b''dY_1 + c''dZ_1) - \cos\nu(adX_1 + bdY_1 + cdZ_1), \\ ds_1\sin\varphi_1\cos N = \cos\mu(adX_1 + bdY_1 + cdZ_1) - \cos\lambda(a'dX_1 + b'dY_1 + c'dZ_1), \end{cases}$$

d'où

$$(40)\qquad ds\sin\varphi = ds_1\sin\varphi_1,$$

et si de plus

$$\varphi = \varphi_1,$$

c'est-à-dire si l'on rapporte les surfaces (Σ_f) et (Σ_m) au même système des coordonnées, on aura

$$ds = ds_1 ;$$

il s'ensuit que les surfaces en question s'appliquent l'une sur l'autre sans extension ni rétrécissement.

On aurait pu démontrer ce théorème dès le commencement, mais en entrant ensuite dans les détails on serait obligé d'établir toutes les formules qui précèdent; voici la démonstration indépendante de ces formules :

Considérons un mouvement régi par l'équation (6). Soient A_m, A_m^0, deux génératrices voisines sur la surface mobile, et A_f, A_f^0 leurs correspondantes sur la surface fixe.

Il y a eu un moment où la génératrice A_m a coïncidé avec la génératrice A_f, et la surface Σ_m a tourné autour de (A_m, A_f); immédiatement après ce moment, la génératrice A_m^0 a coïncidé avec la génératrice A_f^0, et la surface (Σ_m) a tourné autour de (A_m^0, A_f^0); mais pour qu'elle commence à tourner autour de (A_m^0, A_f^0), il faut qu'elle cesse de tourner autour de (A_m, A_f); il s'ensuit qu'à l'instant compris entre les deux rotations les génératrices A_m, A_m^0 coïncidaient exactement avec les génératrices A_f, A_f^0; on déduit de là :

1° Que l'angle de deux génératrices infiniment voisines de la surface Σ_m est égal à l'angle de deux génératrices correspondantes de la surface Σ_f;

2° Que les plus courtes distances de ces génératrices sont égales, et il en est de même de deux surfaces réciproques;

3° Que les surfaces Σ_f, Σ_m se touchent à chaque instant tout le long d'une même génératrice;

4° Que ces surfaces s'appliquent l'une sur l'autre.

Je vais démontrer encore que les valeurs de (x, y, z), (x_1, y_1, z_1), qui vérifient l'équation

$$dx^2 + dy^2 + dz^2 = dx_1^2 + dy_1^2 + dz_1^2,$$

vérifient aussi les équations (1) quand l'équation (6) existe. En effet, différentions les équations (1), il vient

$$\begin{aligned}
dx &= d\xi + a\,dx_1 + b\,dy_1 + c\,dz_1 + x_1\,da + y_1\,db + z_1\,dc,\\
dy &= d\eta + a'dx_1 + b'dy_1 + c'dz_1 + x_1\,da' + y_1\,db' + z_1\,dc',\\
dz &= d\zeta + a''dx_1 + b''dy_1 + c''dz_1 + x_1\,da'' + y_1\,db'' + z_1\,dc''.
\end{aligned}$$

Multipliant par $\cos\lambda$, $\cos\mu$, $\cos\nu$, ajoutant et ayant égard aux équations (6), (12), (33), on trouve

$$\begin{aligned}
\cos\lambda\,dx + \cos\mu\,dy + \cos\nu\,dz &= (a\cos\lambda + a'\cos\mu + a''\cos\nu)\,dx_1\\
&+ (b\cos\lambda + b'\cos\mu + b''\cos\nu)\,dy_1 + (c\cos\lambda + c'\cos\mu + c''\cos\nu)\,dz_1\\
&= \cos\nu_1\,dx_1 + \cos\mu_1\,dy_1 + \cos\nu_1\,dz_1;
\end{aligned}$$

de là

$$ds\cos\varphi = ds_1\cos\varphi_1,$$

donc, etc.

On voit, d'après ce qui précède, quels sont les éléments qui varient pendant la déformation.

Une surface réglée est complétement déterminée quand on connaît :

1° La plus courte distance $d\alpha_1$ des génératrices voisines;

2° Leur angle $d\theta$;

3° Les éléments analogues $d\theta_1^0$, $d\alpha$ de sa surface réciproque.

En effet, prenons un point O sur une droite A, par ce point élevons une perpendiculaire sur A, et prenons sur cette perpendiculaire une longueur $OO_1 = d\alpha_1$; par le point O_1 menons une droite A_1 faisant un angle $d\theta$ avec A, et par le même point prenons sur A_1 une distance O_1O_2 égale à $d\alpha$; menons enfin O_2K perpendiculaire à O_1O_2 et faisant un angle $d\theta_1^0$ avec OO_1; en continuant ainsi de proche en proche, on construira toute la surface, mais si un des quatre éléments que nous avons mentionnés était inconnu, la construction précédente ne pourrait pas se faire, et la surface serait indéterminée.

Des éléments $d\alpha$, $d\alpha_1$, $d\theta$, $d\theta_1^0$, les trois premiers restent invariables pendant la déformation; le quatrième, en ayant égard à ce que nous avons dit sur l'équation (18), reste complétement indéterminé.

La marche à suivre, pour déterminer une surface réglée applicable à une surface réglée donnée, est, d'après ce qui précède, évidente.

Supposons qu'on se donne la surface fixe, on aura par cela même les cosinus $\cos\lambda$, $\cos\mu$, $\cos\nu$ en fonction de θ; on se donnera ensuite arbitrairement $\cos\lambda_1$, $\cos\mu_1$, $\cos\nu_1$, et au moyen des simples différentiations on déterminera $\cos\lambda^0 \ldots$, $\cos L^0 \ldots$, $\cos\lambda_1^0 \ldots$, $\cos\mu_1^0 \ldots$; remplaçant ces valeurs dans les équations (17), on aura $a, b, c, \ldots$ en fonction de θ; la surface fixe fera encore connaître $\cos\alpha$, $\cos\beta$, $\cos\gamma$, et par conséquent $\cos\alpha_1$, $\cos\beta_1$, $\cos\gamma_1$. Ayant toutes ces valeurs, on peut procéder à l'intégration des équations (6), (9); ces équations, en éliminant R, donnent

$$\frac{d\xi}{\cos\alpha} = \frac{d\eta}{\cos\beta} = \frac{d\zeta}{\cos\gamma},$$

$$\cos\lambda\, d\xi + \cos\mu\, d\eta + \cos\nu\, d\zeta = 0.$$

Après avoir déterminé ξ, η, ζ en fonction de θ, on remplacera $a, b, c, \ldots$, $x, y, z, \xi, \eta, \zeta$ dans les équations (1) ou dans les équations (Σ_m), et l'on aura ainsi les équations de la surface cherchée; si l'on remplace dans (Σ_m), il faut déterminer d'avance R; voici sa valeur :

$$R^2\Omega^2 = \frac{d\xi^2}{d\theta^2} + \frac{d\eta^2}{d\theta^2} + \frac{d\zeta^2}{d\theta^2}.$$

Ligne de striction, surface réciproque de (Σ_m). — L'équation

$$(\mathrm{R}\cos\alpha_1 + z_1\cos\mu_1 - y_1\cos\nu_1)\cos\lambda_1^0 + (\mathrm{R}\cos\beta_1 + x_1\cos\nu_1 - z_1\cos\lambda_1)\cos\mu_1^0 + (\mathrm{R}\cos\gamma_1 + y_1\cos\lambda_1 - x_1\cos\mu_1)\cos\nu_1^0 = 0$$

représente le plan tangent au point central O de la surface (Σ_m). On s'assurera aussi aisément que l'équation

$$(d\mathrm{R}\cos\beta_1 + x_1 d\cos\nu_1 - z_1 d\cos\lambda_1)\cos\mu_1^0 + (d\mathrm{R}\cos\alpha_1 + z_1 d\cos\mu_1 - y_1 d\cos\nu_1)\cos\lambda_1^0 + (d\mathrm{R}\cos\gamma_1 + y_1 d\cos\lambda_1 - x_1 d\cos\mu_1)\cos\nu_1^0 = 0$$

représente un plan passant par le point central O et perpendiculaire à la génératrice; ces deux équations représentent, par conséquent, la ligne sur laquelle se mesure la plus courte distance de deux génératrices voisines, c'est-à-dire la surface réciproque. Si l'on joint à ces équations les (Σ_m), on aura la ligne de striction de la surface (Σ_m).

Contour apparent de la surface (Σ_m) *relativement à l'origine mobile.* — Multiplions les équations (Σ_m) par x_1, y_1, z_1 et ajoutons, il vient

$$x_1\cos\alpha_1 + y_1\cos\beta_1 + z_1\cos\gamma_1 = 0.$$

Cette équation représente un plan passant par l'origine et l'axe instantané; l'enveloppe de ce plan sera le cône circonscrit à la surface (Σ_m); on a ainsi

$$x_1 d\cos\alpha_1 + y_1 d\cos\beta_1 + z_1 d\cos\gamma_1 = 0.$$

En éliminant θ entre les deux dernières équations, on aura l'équation du cône circonscrit ; elle représentera aussi le contour apparent.

Nous allons appliquer les résultats précédents à quelques cas simples.

Et d'abord cherchons la surface à plan directeur applicable à l'hyperboloïde de révolution. Cet exemple a été déjà donné par M. Ossian Bonnet, et je ne l'aurais pas donné de nouveau, s'il n'était pas susceptible d'une généralisation.

Les équations de la surface sont

$$x_1 = \mathrm{R}\cos v - v\sin\varphi\sin v,$$
$$y_1 = \mathrm{R}\sin v + v\sin\varphi\cos v,$$
$$z_1 = v\cos\varphi.$$

R est le rayon du cercle de gorge et φ l'angle constant des génératrices rectilignes avec l'axe de l'hyperboloïde. De ces équations, on tire

$$\begin{array}{lll}
\cos\lambda_1 = -\sin\varphi\sin\upsilon, & \cos L_1^0 = -\cos\upsilon, & \cos\lambda_1^0 = \cos\varphi\sin\upsilon, \\
\cos\mu_1 = \sin\varphi\cos\upsilon, & \cos M_1^0 = -\sin\upsilon, & \cos\mu_1^0 = -\cos\varphi\cos\upsilon, \\
\cos\nu_1 = \cos\varphi, & \cos N_1^0 = 0, & \cos\nu_1^0 = \sin\varphi, \\
d\theta^0 = 0, & d\theta = \sin\varphi\, d\upsilon, & d\theta_1^0 = \cos\varphi\, d\upsilon,
\end{array}$$

et pour la surface cherchée,

$$\begin{array}{lll}
\cos\lambda = \cos(\upsilon\sin\varphi), & \cos\lambda^0 = 0, & \cos L^0 = -\sin(\upsilon\sin\varphi), \\
\cos\mu = \sin(\upsilon\sin\varphi), & \cos\mu^0 = 0, & \cos M^0 = \cos(\upsilon\sin\varphi), \\
\cos\nu = 0, & \cos\nu^0 = 1, & \cos N^0 = 0.
\end{array}$$

Les valeurs de $a, b, c, \ldots$, se calculent sans la moindre difficulté : on trouve

$$\begin{aligned}
a &= -\sin\varphi\sin\upsilon\cos(\upsilon\sin\varphi) + \cos\upsilon\sin(\upsilon\sin\varphi), \\
b &= \sin\varphi\cos\upsilon\cos(\upsilon\sin\varphi) + \sin\upsilon\sin(\upsilon\sin\varphi), \\
c &= \cos\varphi\cos(\upsilon\sin\varphi), \\
a' &= -\sin\varphi\sin\upsilon\sin(\upsilon\sin\varphi) - \cos\upsilon\cos(\upsilon\sin\varphi), \\
b' &= \sin\varphi\cos\upsilon\sin(\upsilon\sin\varphi) - \sin\upsilon\cos(\upsilon\sin\varphi), \\
c' &= \cos\varphi\sin(\upsilon\sin\varphi), \\
a'' &= \cos\varphi\sin\upsilon, \\
b'' &= -\cos\varphi\cos\upsilon, \\
c'' &= \sin\varphi,
\end{aligned}$$

Voici $\cos\alpha, \ldots, \cos\alpha_1, \ldots, \Omega$:

$$\begin{array}{ll}
\cos\alpha_1 = -\sin\upsilon\cos\varphi, & \cos\alpha = 0, \\
\cos\beta_1 = \cos\upsilon\cos\varphi, & \cos\beta = 0, \\
\cos\gamma_1 = -\sin\varphi, & \cos\gamma = 1,
\end{array}$$
$$\Omega\sin\varphi = \cos\varphi.$$

Les équations (9) donnent par la substitution des valeurs précédentes

$$d\xi = 0, \quad d\eta = 0, \quad d\zeta = -\frac{R}{\tang\varphi}\, d\theta,$$

d'où

$$\xi = A, \quad \eta = B, \quad \zeta = -\frac{R}{\tang\varphi}\,\theta + C.$$

A, B, C sont des constantes. Il s'ensuit que l'origine mobile, centre de l'hyperboloïde, décrit une ligne droite. Les équations de la surface cherchée sont

$$z = \operatorname{tang}\varphi = -R\theta + C_1,$$
$$R + (x + A)\sin\theta = (y - B)\cos\theta.$$

On reconnaît sans peine que toutes les génératrices touchent un cylindre de révolution; la courbe de contact ou la ligne de striction de la surface est donnée par les équations

$$x = -R\sin\theta + A,$$
$$y = R\cos\theta + B,$$
$$z = -\frac{R}{\operatorname{tang}\varphi}\theta + C.$$

Voici maintenant la généralisation dont j'ai parlé plus haut.

Considérons un cylindre droit (P) (*fig.* 1) à section orthogonale quelconque (S), et traçons sur ce cylindre une hélice AB, faisant un angle $\varphi = mm_1p$ avec les génératrices rectilignes.

Fig. 1.

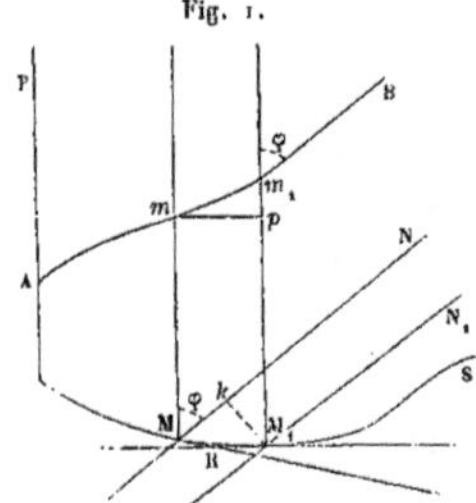

La surface réglée à plan directeur, dont les génératrices perpendiculaires aux génératrices du cylindre la touchent suivant l'hélice AB, est applicable sur la surface gauche dont les génératrices touchent le cylindre suivant une section orthogonale (S) et font un angle φ avec ses génératrices droites.

Pour le démontrer, partageons l'hélice AB et la section orthogonale S en parties égales,

$$mm_1 = \ldots = MM_1 = \ldots = ds,$$

et menons par tous les points $mm_1, \ldots, MM_1, \ldots$ les génératrices de deux surfaces dont il vient d'être question : il est évident que la plus courte distance de deux génératrices voisines de la surface gauche qui touchent le cylindre (S) suivant est

$$M_1h = ds\cos\varphi;$$

l'élément analogue pour l'autre surface sera aussi

$$m_1 p = ds \cos \varphi.$$

La plus courte distance des génératrices de leurs réciproques seront, pour la première surface,

$$\mathrm{M}k = ds \sin \varphi,$$

et pour la seconde également

$$mp = ds \sin \varphi.$$

Il reste à démontrer que les angles des génératrices voisines, pris respectivement dans l'une et dans l'autre surface, sont égaux.

Appelons ρ le rayon de courbure de la section orthogonale (S); il est évident que l'angle des génératrices voisines dans la surface qui touche le cylindre suivant l'hélice, est

$$d\theta = \frac{ds}{\rho}.$$

Or, si l'on mène par le point R, intersection de deux tangentes, aux points M, M_1, de la section orthogonale (S), deux droites parallèles aux deux génératrices MN, $\mathrm{M}_1\mathrm{N}_1$ de la première surface, on verra, sans difficulté, que leur angle est également

$$d\theta = \frac{ds}{\rho}.$$

Il s'ensuit que les deux surfaces dont nous parlons s'appliquent dans toutes leurs parties.

Courbes décrites par les différents points du système. — Il suffit de remplacer dans les équations (1) $a, b, c, \ldots \xi, \eta, \zeta$, par leurs valeurs en fonction de θ, puis d'éliminer cette variable; les équations résultant de l'élimination représenteront les courbes décrites par les points (x_1, y_1, z_1).

Avant de passer à un autre exemple, je remarquerai que les formules données pour la surface gauche de révolution restent les mêmes, toutes les fois que la surface donnée étant à plan directeur, la déformée admet pour cône directeur un cône de révolution. Du reste, on peut éliminer complétement de la question les neuf cosinus, $a, b, c, \ldots$, et les remplacer par trois variables indépendantes seulement; ces variables sont, comme on sait, l'angle que fait l'axe de z fixe avec l'axe de z_1 mobile, l'angle des deux plans xy, $x_1 z_1$, et enfin l'angle que fait la trace du plan $x_1 y_1$ mobile axec l'axe $\mathrm{O}x$ fixe; ensuite, au lieu de se donner le cône directeur de la surface cherchée, on se donnera deux relations entre les trois variables que je viens de mentionner.

Conoïdes. — Les équations de ces surfaces sont

$$y_1 = \tan\theta . x_1,$$
$$z_1 = F(\theta).$$

Les génératrices de la surface déformée seront évidemment perpendiculaires aux plans osculateurs de sa ligne de striction ; la seconde courbure de cette ligne sera par conséquent

$$\frac{1}{r} = \frac{1}{F'(\theta)} = \frac{d\theta}{dz_1}.$$

Si l'on se donne encore la première courbure $\frac{1}{\rho}$, cette ligne sera complétement déterminée et la surface déformée sera le lieu de ses binormales. On peut se donner la condition

$$\frac{\rho}{r} = K = \text{const.}$$

Alors, comme l'a démontré M. Bertrand, la courbe ligne de striction de la surface déformée sera une hélice tracée sur un cylindre à section orthogonale arbitraire. La surface déformée admettra dans ce cas un cône directeur de révolution.

La perpendiculaire au plan, passant par l'axe instantané et l'origine mobile fera avec les axes mobiles des angles dont les cosinus sont

$$\cos\alpha_1 = -\sin\theta, \quad \cos\beta_1 = \cos\theta, \quad \cos\gamma_1 = 0,$$

et avec les axes fixes

$$\cos\alpha = -\sin\sqrt{1+K^2}\,\theta,$$
$$\cos\beta = -\cos\sqrt{1+K^2}\,\theta,$$
$$\cos\gamma = 0,$$

d'où, en ayant égard aux équations (9)

$$\frac{d\xi}{d\theta} = -\sin\sqrt{1+K^2}\,\theta,$$
$$\frac{d\eta}{d\theta} = \quad \cos\sqrt{1+K^2}\,\theta,$$
$$\frac{d\zeta}{d\theta} = 0.$$

Les valeurs de Ω et R sont évidemment

$$\Omega = \frac{1}{K}, \quad R = z_1 = F(\theta),$$

donc

$$\frac{d\xi}{d\theta} = -\frac{1}{K} F(\theta) \sin\sqrt{1+K^2}\,\theta, \quad \frac{d\eta}{d\theta} = \frac{1}{K} F(\theta) \cos\sqrt{1+K^2}\,\theta.$$

Ces équations représentent la développante de la section orthogonale du cylindre sur laquelle on doit tracer l'hélice, ligne de striction de la surface déformée. En voici un exemple particulier :

Posons

$$F(\theta) = A\,\theta,$$

on aura

$$\eta = \frac{A}{K\sqrt{1+K^2}} \left(\theta \sin\sqrt{1+K^2}\,\theta + \frac{1}{\sqrt{1+K^2}} \cos\sqrt{1+K^2}\,\theta \right) + \text{const.},$$

$$\xi = \frac{A}{K\sqrt{1+K^2}} \left(\theta \cos\sqrt{1+K^2}\,\theta - \frac{1}{\sqrt{1+K^2}} \sin\sqrt{1+K^2}\,\theta \right) + \text{constante}.$$

Elles représentent, comme l'on sait, une développante de cercle.

Les trois axes mobiles engendrent, pendant le mouvement, trois surfaces gauches, dont l'intersection commune est la courbe décrite par l'origine. On peut déterminer le mouvement de manière que les surfaces engendrées par les axes Ox_1, Oy_1 soient réciproques l'une de l'autre, celle qui est engendrée en Oz_1 étant dès lors le lieu des normales centrales. Désignons à cet effet par dm, dm_1 les angles infiniment petits que font Ox_1, Oy_1 avec leurs positions infiniment voisines, et par dn l'angle analogue pour Oz_1; nous devons avoir

$$dn^2 = dm^2 + dm_1^2,$$

et d'après les équations (21),

$$da^2 + da'^2 + da''^2 = (q^2 + r^2)\,d\theta^2,$$
$$db^2 + db'^2 + db''^2 = (p^2 + r^2)\,d\theta^2,$$
$$dc^2 + dc'^2 + dc''^2 = (p^2 + q^2)\,d\theta^2;$$

d'où

(K) $$r = 0, \quad dm = q\,d\theta, \quad dm_1 = p\,d\theta.$$

La première fait voir que l'axe instantané doit être constamment parallèle au plan des x_1, y_1; mais, d'un autre côté, il doit se trouver sur un plan perpendiculaire à la courbe décrite par l'origine : donc la surface à déformer est un conoïde dont la ligne de striction est l'axe de Oz_1. Un plan perpendiculaire à la ligne de striction de la surface engendrée par l'axe Ox_1 fait avec Ox_1 Oy_1 des angles dont les cosinus sont

$$\cos\lambda = \frac{d\alpha_1}{\sqrt{d\alpha^2 + d\alpha_1^2}}, \qquad \cos\mu = \frac{d\alpha^2}{\sqrt{d\alpha^2 + d\alpha_1^2}}.$$

Ce sont les cosinus des angles que fait l'axe instantané avec Ox_1, Oy_1. Les équations (K) donnent aussi

$$\cos\lambda = \frac{dm_1}{\sqrt{dm^2 + dm_1^2}}, \qquad \cos\mu = \frac{dm^2}{\sqrt{dm^2 + dm_1^2}};$$

donc

$$\frac{d\alpha_1}{\sqrt{d\alpha^2 + d\alpha_1^2}} = \frac{dm_1}{\sqrt{dm^2 + dm_1^2}}, \qquad \frac{d\alpha}{\sqrt{d\alpha^2 + d\alpha_1^2}} = \frac{dm}{\sqrt{dm^2 + dm_1^2}},$$

équivalant toutes deux à

$$d\alpha_1 dm = d\alpha\, dm_1.$$

Nous avons déjà rencontré cette équation dans le premier Mémoire. Elle fait voir que la ligne de striction de la surface engendrée par Ox_1 ou Oy_1 est une ligne de courbure.

D'après ce qui précède, il est facile d'indiquer le mode de génération des surfaces réglées dont les lignes de striction sont aussi des lignes de courbure.

Faisons rouler un conoïde quelconque sur une surface réglée applicable sur le conoïde; une génératrice quelconque engendrera une surface dont la ligne de striction sera aussi ligne de courbure.

V.

Variation de la courbure pendant la déformation. — Soit AB (*fig.* 2) une ligne tracée sur la surface réglée (Σ_m); p, p_1, p_2 les angles que la tangente DT fait

Fig. 2.

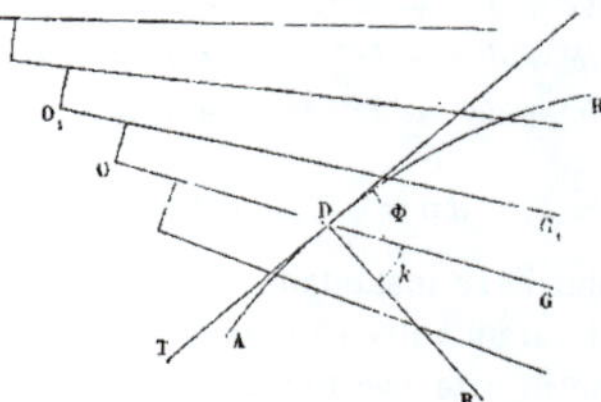

avec les axes, et Φ l'angle sous lequel AB coupe les génératrices rectilignes de la surface. On doit avoir

$$\cos\lambda_1 \cos p + \cos\mu_1 \cos p_1 + \cos\nu_1 \cos p_2 = \cos\Phi,$$

et, en différentiant,

$$\cos\lambda_1 d\cos p + \cos\mu_1 d\cos p_1 + \cos\nu_1 d\cos p_2 + \cos p\, d\cos\lambda_1 + \cos p_1 d\cos\lambda_1 \\ + \cos p_2 d\cos\nu_1 = -\sin\Phi\, d\Phi.$$

DR étant la direction du rayon de courbure, le trièdre DRGC donne

$$\cos\lambda d\cos p + \cos\mu d\cos p_1 + \cos\nu d\cos p_2 = \frac{ds}{\rho}\cos k = \frac{ds}{\rho}\sin\Phi\sin\varphi;$$

φ est l'angle que fait la direction du rayon de courbure avec la normale à la surface au point considéré. Désignons enfin par I l'inclinaison du plan tangent au point D sur le plan tangent au point central O, on aura

$$\cos\alpha d\cos\lambda_1 + \cos\beta d\cos\mu_1 + \cos\gamma d\cos\nu_1 = \sin\Phi\sin I\, d\theta.$$

Remplaçant ces valeurs dans la formule précédente, on trouve

$$(q) \qquad \frac{1}{\rho}\sin\varphi + \frac{d\theta}{ds}\sin I = -\frac{d\Phi}{ds}.$$

Pour les lignes géodésiques, on a

$$\frac{1}{\rho}\sin\varphi = 0;$$

pour la ligne de striction,

$$\frac{d\theta}{ds}\sin I = 0,$$

et pour les trajectoires de génératrices rectilignes,

$$\frac{d\Phi}{ds} = 0.$$

Il s'ensuit que si une ligne quelconque, tracée sur la surface réglée (Σ_{m}), jouit de deux quelconques des propriétés mentionnées ci-dessus, elle jouira aussi de la troisième. Ce théorème est dû à M. Ossian Bonnet.

L'équation générale des lignes géodésiques est

$$\sin I\frac{d\theta}{ds} = -\frac{d\Phi}{ds};$$

la courbure géodésique de la ligne de striction est

$$\left(\frac{1}{\rho}\sin\varphi\right)_u = -\frac{d\Lambda}{ds}.$$

Si la courbe considérée était une trajectoire des génératrices rectilignes, sa courbure géodésique serait

$$\frac{1}{\rho}\sin\varphi = -\sin I\frac{d\theta}{ds};$$

pour les cylindres, on a toujours

$$\sin I = o,$$

et l'équation (q) devient

$$\frac{1}{\rho}\sin\varphi = -\frac{dA}{ds}.$$

On voit que toute trajectoire des génératrices rectilignes est une ligne géodésique.

Pour étudier la variation de la courbure d'une courbe quelconque tracée sur la surface (Σ_m), nous avons les équations

$$\frac{dX}{ds} = a\frac{dX_1}{ds_1} + b\frac{dY_1}{ds_1} + c\frac{dZ_1}{ds_1},$$
$$\frac{dY}{ds} = a'\frac{dX_1}{ds_1} + b'\frac{dY_1}{ds_1} + c'\frac{dZ_1}{ds_1},$$
$$\frac{dZ}{ds} = a''\frac{dX_1}{ds_1} + b''\frac{dY_1}{ds_1} + c''\frac{dZ_1}{ds_1},$$
$$ds = ds_1.$$

Différentions, il vient

$$\frac{d^2X}{ds^2} = a\frac{d^2X_1}{ds_1^2} + b\frac{d^2Y_1}{ds_1^2} + c\frac{d^2Z_1}{ds_1^2} + \frac{d\theta}{ds_1}\left(\frac{dX_1}{ds_1}\frac{da}{d\theta} + \frac{dY_1}{ds_1}\frac{db}{d\theta} - \frac{dZ_1}{ds_1}\frac{dc}{d\theta}\right),$$
$$\frac{d^2Y}{ds^2} = a'\frac{d^2X_1}{ds_1^2} + b'\frac{d^2Y_1}{ds_1^2} + c'\frac{d^2Z_1}{ds_1^2} + \frac{d\theta}{ds_1}\left(\frac{dX_1}{ds_1}\frac{da'}{d\theta} + \frac{dY_1}{ds_1}\frac{db'}{d\theta} + \frac{dZ_1}{ds_1}\frac{dc'}{d\theta}\right),$$
$$\frac{d^2Z}{ds^2} = a''\frac{d^2X_1}{ds_1^2} + b''\frac{d^2Y_1}{ds_1^2} + c''\frac{d^2Z_1}{ds_1^2} + \frac{d\theta}{ds_1}\left(\frac{dX_1}{ds_1}\frac{da''}{d\theta} + \frac{dY_1}{ds_1}\frac{db''}{d\theta} + \frac{dZ_1}{ds_1}\frac{dc''}{d\theta}\right),$$

et en multipliant par a, a', a'' et ajoutant,

$$a\frac{d^2X}{ds^2} + a'\frac{d^2Y}{ds^2} + a''\frac{d^2Z}{ds^2} = \frac{d^2X_1}{ds_1^2} + \left(\frac{dY_1}{ds_1}\cos\nu_1 - \frac{dZ_1}{ds_1}\cos\mu_1\right)\Omega\frac{d\theta}{ds_1},$$

et deux autres encore que voici :

$$b\frac{d^2X}{ds^2} + b'\frac{d^2Y}{ds^2} + b''\frac{d^2Z}{ds^2} = \frac{d^2Y_1}{ds_1^2} + \left(\frac{dZ_1}{ds_1}\cos\lambda_1 - \frac{dX_1}{ds_1}\cos\nu_1\right)\Omega\frac{d\theta}{ds_1},$$
$$c\frac{d^2X}{ds^2} + c'\frac{d^2Y}{ds^2} + c''\frac{d^2Z}{ds^2} = \frac{d^2Z_1}{ds_1^2} + \left(\frac{dX_1}{ds_1}\cos\mu_1 - \frac{dY_1}{ds_1}\cos\lambda_1\right)\Omega\frac{d\theta}{ds_1}.$$

Or on a

$$\pm\cos L_1 = \left(\frac{dY_1}{ds_1}\cos\nu_1 - \frac{dZ_1}{ds_1}\cos\mu_1\right)\frac{1}{\sin\Phi_1},$$
$$\pm\cos M_1 = \left(\frac{dZ_1}{ds_1}\cos\lambda_1 - \frac{dX_1}{ds_1}\cos\nu_1\right)\frac{1}{\sin\Phi_1},$$
$$\pm\cos N_1 = \left(\frac{dX_1}{ds_1}\cos\mu_1 - \frac{dY_1}{ds_1}\cos\lambda_1\right)\frac{1}{\sin\Phi_1},$$

et les équations précédentes prendront la forme

$$(r)\quad \begin{cases} a\dfrac{d^2X}{ds^2}+a'\dfrac{d^2Y}{ds^2}+a''\dfrac{d^2Z}{ds^2}=\dfrac{d^2X_1}{ds_1^2}\pm\Omega\cos L_1\dfrac{d\theta}{ds_1}\sin\Phi_1,\\ b\dfrac{d^2X}{ds^2}+b'\dfrac{d^2Y}{ds^2}+b''\dfrac{d^2Z}{ds^2}=\dfrac{d^2Y_1}{ds_1^2}\pm\Omega\cos M_1\dfrac{d\theta}{ds_1}\sin\Phi_1,\\ c\dfrac{d^2X}{ds^2}+c'\dfrac{d^2Y}{ds^2}+c''\dfrac{d^2Z}{ds^2}=\dfrac{d^2Z_1}{ds_1^2}\pm\Omega\cos N_1\dfrac{d\theta}{ds_1}\sin\Phi_1. \end{cases}$$

Soient q, q_1, q_2 les angles que fait avec les axes fixes une droite située sur le plan tangent à la surface et au point considéré; σ, σ_1, σ_2 les angles de la même ligne avec les axes mobiles : multipliant les équations précédentes par $\cos q$, $\cos q_1$, $\cos q_2$, ajoutant et ayant égard à la relation

$$\cos q\cos L_1+\cos q_1\cos M_1+\cos q_2\cos N_1=0,$$

on trouve

$$\cos q\frac{d^2X}{ds^2}+\cos q_1\frac{d^2Y}{ds^2}+\cos q_2\frac{d^2Z}{ds^2}=\cos\sigma\frac{d^2X_1}{ds_1^2}+\cos\sigma_1\frac{d^2Y_1}{ds_1^2}+\cos\sigma_2\frac{d^2Z_1}{ds_1^2}.$$

Désignons par ρ, ρ_1 les rayons de courbure des courbes considérées, et par υ, υ_1 les angles qu'elles font avec la ligne (pp_1p_2); l'équation précédente se mettra sous la forme

$$\frac{\cos\upsilon}{\rho}=\frac{\cos\upsilon_1}{\rho_1},$$

ce qui prouve que la projection de la courbure, d'une courbe quelconque tracée sur la surface, sur une droite située sur le plan tangent ne varie pas pendant la déformation.

La courbure géodésique ne varie pas non plus.

Élevons au carré les équations (r), et ajoutons, il vient

$$\begin{aligned}\frac{1}{\rho^2}=\frac{1}{\rho_1^2}&+\Omega^2\frac{d\theta^2}{ds^2}\sin^2\Phi_1\\ &\pm2\Omega\frac{d\theta}{ds}\sin\Phi_1\left(\cos L_1\frac{d^2X_1}{ds_1^2}+\cos M_1\frac{d^2Y_1}{ds_1^2}+\cos N_1\frac{d^2Z_1}{ds_1^2}\right),\end{aligned}$$

et en appelant φ l'angle du rayon de courbure avec la normale à la surface (Σ_m) au point considéré,

$$(s)\quad \frac{1}{\rho^2}=\frac{1}{\rho_1^2}+\Omega^2\frac{d\theta^2}{ds^2}\sin^2\Phi_1\pm2\Omega\frac{1}{\rho_1}\frac{d\theta}{ds}\sin\Phi_1\cos\varphi.$$

Pour les lignes géodésiques, on a

$$\cos\varphi=1,$$

et l'équation précédente devient

$$\frac{1}{\rho} \pm \frac{1}{\rho_1} = \Omega \frac{d\theta}{ds_1} \sin \Phi_1;$$

elle s'applique aussi en section normale. Pour les lignes asymptotiques, on a

$$\cos \varphi = 0,$$

et l'équation (s) devient

$$\frac{1}{\rho^2} = \frac{1}{\rho_1^2} + \Omega^2 \frac{d\theta^2}{ds_1^2} \sin^2 \Phi_1;$$

si de plus la ligne asymptotique coupait orthogonalement les génératrices rectilignes, on aurait

$$\frac{1}{\rho^2} = \frac{1}{\rho_1^2} + \Omega^2 \frac{d\theta^2}{ds_1^2}.$$

Les angles des deux normales voisines, avant et après la déformation, sont liés par une relation analogue à (s); différentions pour cela les équations

$$\begin{aligned}
\cos L &= a \cos L_1 + b \cos M_1 + c \cos N_1, \\
\cos M &= a' \cos L_1 + b' \cos M_1 + c' \cos N_1, \\
\cos N &= a'' \cos L_1 + b'' \cos M_1 + c'' \cos N_1;
\end{aligned}$$

il vient

$$\begin{aligned}
d \cos L &= a\, d\cos L_1 + b\, d\cos M_1 + c\, d\cos N_1 + \cos L_1\, da + \cos M_1\, db + \cos N_1\, dc, \\
d \cos M &= a'\, d\cos L_1 + b'\, d\cos M_1 + c'\, d\cos N_1 + \cos L_1\, da' + \cos M_1\, db' + \cos N_1\, dc', \\
d \cos N &= a''\, d\cos L_1 + b''\, d\cos M_1 + c''\, d\cos N_1 + \cos L_1\, da'' + \cos M_1\, db'' + \cos N_1\, dc''.
\end{aligned}$$

Multipliant ces équations par $aa'a''$ et ajoutant, on trouve comme précédemment

$$\begin{aligned}
a d \cos L + b' d \cos M + a'' d \cos N &= d \cos L_1 \pm (\cos \nu_1 \cos M_1 - \cos \mu_1 \cos M_1)\, \Omega\, d\theta, \\
b d \cos L + b' d \cos M + b'' d \cos N &= d \cos M_1 \pm (\cos \lambda_1 \cos N_1 - \cos L_1 \cos \nu_1)\, \Omega\, d\theta, \\
c d \cos L + c' d \cos M + c'' d \cos N &= d \cos N_1 \pm (\cos \mu_1 \cos L_1 - \cos \lambda_1 \cos M_1)\, \Omega\, d\theta:
\end{aligned}$$

carrant et ajoutant,

$$df^2 = df_1^2 + \Omega^2 d\theta^2 \pm 2\, df_1\, d\theta\, \Omega \cos V.$$

Nous avons posé

$$\begin{aligned}
d \cos L^2 + d \cos M^2 + d \cos N^2 &= df^2, \\
d \cos L_1^2 + d \cos M_1^2 + d \cos N_1^2 &= df_1^2;
\end{aligned}$$

cos V est déterminé par l'équation

$$\cos V = \begin{vmatrix} \dfrac{d\cos L_1}{df_1}, & \dfrac{d\cos M_1}{df_1}, & \dfrac{d\cos N_1}{df_1} \\ \cos L_1, & \cos M_1, & \cos N_1 \\ \cos \lambda_1; & \cos \mu_1, & \cos \nu_1 \end{vmatrix}.$$

Élevant au carré et développant, on trouve

$$\sin V = \cos\lambda_1 \frac{d\cos L_1}{df_1} + \cos\mu_1 \frac{d\cos M_1}{df_1} + \cos\nu_1 \frac{d\cos N_1}{df_1}.$$

V est l'angle de la plus courte distance des normales voisines avec la génératrice rectiligne passant au point considéré.

Vu et approuvé.
Le 26 novembre 1864.
Le Doyen de la Faculté des Sciences,
MILNE EDWARDS.

Permis d'imprimer.
Le 26 novembre 1864.
Le Vice-Recteur de l'Académie de Paris,
A. MOURIER.

ERRATA.

Page 7, ligne 5, *au lieu de* $\left(\frac{d\theta_1 + dI}{dI}\right)^2$, *lisez* $\left(\frac{d\theta_1 + dI}{ds}\right)^2$.

Page 13, ligne 10, *au lieu de* égal à O, celui, *lisez* égal à celui.

Page 26 (*fig.* 5), *au lieu de* α, *lisez* ν.

Page 56, ligne 9, *au lieu de* $\frac{d\theta^0}{d\theta}$, *lisez* $\frac{d\theta_1}{d\theta}$.

PARIS. — IMPRIMERIE DE GAUTHIER-VILLARS, SUCCESSEUR DE MALLET-BACHELIER,
Rue de Seine-Saint-Germain, 10, près l'Institut.

ERRATA.

Page 8, ligne 3, *au lieu de* déjà $PK\,m$, *lisez* $PK\,m_1$.

Page 8, ligne 6, *au lieu de* l'angle $(\widehat{\overline{PK}, \overline{mm_1}})$, *lisez* $(\widehat{\overline{PK}, \overline{m_1 m_2}})$.

Page 10, ligne 12, *au lieu de* avec $K\,m_2$, *lisez* avec $K\,m_1$.

Page 10, ligne 17, *au lieu de* $KN\,m_1$, *lisez* $NK\,m_1$.

Page 22, ligne 19, *au lieu de* $\tang \alpha = \pm \frac{R_2}{R_1}$, *lisez* $\tang^2 \alpha = -\frac{R_2}{R_1}$.

Page 28, ligne 17, *au lieu de* le trièdre KMK_1, *lisez* le trièdre KMK_1T.

Page 29, ligne 3, *au lieu de* $\cos(\upsilon - \varphi)$, *lisez* $\cos \varphi_1$.

Page 31, lignes 12, 14, 18, *faites précéder du signe — les seconds membres des équations qui s'y trouvent.*

Page 36, ligne 4, *au lieu de* $\tang \alpha = \pm \frac{R_2}{R_1}$, *lisez* $\tang^2 \alpha = -\frac{R_2}{R_1}$.

Page 73, ligne 21, *au lieu de* $\cos\beta = -\cos\sqrt{1+K^2}\,\theta$, *lisez* $\cos\beta = \cos\sqrt{1+K^2}\,\theta$,

» » 24, *au lieu de* $\frac{d\xi}{d\theta} = -\sin\sqrt{1-K^2}\,\theta$, *lisez* $\frac{d\xi}{d\theta} = -\Omega R \sin\sqrt{1+K^2}\,\theta$.

» » 25, *au lieu de* $\frac{d\eta}{d\theta} = \cos\sqrt{1+K^2}\,\theta$, *lisez* $\frac{d\eta}{d\theta} = \Omega R \cos\sqrt{1+K^2}\,\theta$.

IMPRIMERIE DE GAUTHIER-VILLARS, SUCCESSEUR DE MALLET-BACHELIER,
PARIS, RUE DE SEINE-SAINT-GERMAIN, 10, PRÈS L'INSTITUT.

www.ingramcontent.com/pod-product-compliance
Ingram Content Group UK Ltd.
Pitfield, Milton Keynes, MK11 3LW, UK
UKHW020408230726
13925UKWH00003B/1311